U0319408

中国政法大学商学院教师科研基金

ENVIRONMENTAL MANAGEMENT'S RESEARCH
THEORY AND PRACTICE

环境经营研究
◆ 理论与实践 ◆

葛建华 ◎ 著

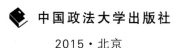

中国政法大学出版社

2015·北京

声　明　1. 版权所有，侵权必究。

　　　　2. 如有缺页、倒装问题，由出版社负责退换。

图书在版编目（ＣＩＰ）数据

环境经营研究：理论与实践/葛建华著.—北京：中国政法大学出版社，
2015.8
ISBN 978-7-5620-6218-9

Ⅰ.①环…　Ⅱ.①葛…　Ⅲ.①企业环境管理－研究　Ⅳ.①X322

中国版本图书馆CIP数据核字(2015)第175140号

出　版　者　　中国政法大学出版社

地　　　址　　北京市海淀区西土城路25号

邮寄地址　　　北京 100088 信箱 8034 分箱　　邮编 100088

网　　　址　　http://www.cuplpress.com（网络实名：中国政法大学出版社）

电　　　话　　010-58908289(编辑部)　58908334(邮购部)

承　　　印　　固安华明印业有限公司

开　　　本　　880mm×1230mm　1/32

印　　　张　　8.625

字　　　数　　200 千字

版　　　次　　2015 年 8 月第 1 版

印　　　次　　2015 年 8 月第 1 次印刷

定　　　价　　34.00 元

目　录

第1章

引　论

1.1　研究背景与意义

1.1.1　研究背景——可持续发展时代企业面临的困境

如今，雾霾、大气污染等，已是一个街头巷尾的话题，与之相关的"APEC 蓝"、《穹顶之下》纪录片等，也都引起了人们的热议。如何治理雾霾、如何减少污染等环境问题，也随之越来越频繁地进入普通人视线。人们在讨论各种对策时，企业行为是一个绕不开的话题。2015 年 3 月 19 日，中华环保联合会（环保部主管的环保组织）向山东德州中级人民法院立案庭递交了民事起诉状，对玻璃生产企业——德州晶华集团振华有限公司污染大气的行为提起近 3000 万元索赔额的公益诉讼，成为新环保法（2014 年 4 月修订，2015 年 1 月 1 日起施行）生效后的环境公益诉讼第一案。该公司的一条生产线无污染治理设施，烟气直排，另一条生产线氮氧化物排放浓度超标，2014 年 10 月就曾被环保部点名批评。2015 年 3 月 20 日，德州市长等已约谈德城区政府和德州晶华集团振华有限公司主要负责人，提出"停产整治、尽快搬迁改造"等整改措施。[1]

类似的新闻报道，在各类媒体上并不罕见：截至 2015 年 3 月 19 日，根据新环保法，安徽省共查处环境违法企业 183 家，罚款 558 万元。其中，查处建设项目违法案件 33 起，查封扣押设备 91 台（套），限产或停产整治企业 81 家，移送适用行政拘留和涉嫌环境污染犯罪案件 11 起，公安部门全部受理，已行政拘留 3 人，刑事拘留 4 人。这些企业普遍存在废水排放超标问题。[2] 从这些事例中我们不难看出，2015 年生效的新环保法，正在将以前被企业视为与己无关的环境污染问题转变为与企业能否持续经营息息相关的内部问题。同样，资源枯竭也是一些企业面临的生存问题。2004 年以来，国土资源部完成了全国 1010 座大中型矿山资源潜力调查，结果表明 600 多座成为储量逐年萎缩的危机矿山，占了近 63%，这些依赖于自然资源发展的矿山企业将如何实现可持续发展？[3]

很多事实都表明：罗马俱乐部在其 1972 年的研究报告《增长的极限》中提到的威胁人类可持续发展的能源、资源短缺和环境污染等问题，同样也成为威胁企业能否可持续发展的重要因素。作为社会经济生活的基本单位，企业是物质生产资料和生活资料的提供者，也是资源消耗者和污染制造者。18 世纪以

---

〔1〕 资料来源：网易新闻网，http://news.163.com/15/0324/21/ALGK2E4R00014SEH. html.

〔2〕 资料来源：华夏经纬网，http://www.huaxia.com/ah-tw/ahyw/2015/03/4329917. html.

〔3〕 资料来源：新浪新闻网，http://news.sina.com.cn/c/sd/2009-07-06/1227181638 25.shtml.

来工业文明的发展，不断满足了人类对物质资料的旺盛需求，也为人们带来了更多物质欲望和冲动，"大量生产、大量消费、大量废弃"的生产方式和生活方式，也在这一过程中逐渐形成并驱动着人们利用不断产生的新技术，对自然资源进行着空前的开发和利用，使人类发展与资源、环境的矛盾日益突出，对当代人们的生存和发展造成了巨大影响并危及后代的生存和发展。现在，人类直接面对的地球环境问题，主要表现在八个方面：地球温室效应（气候变动、气候异常）、热带雨林减少、臭氧层破坏、有害废弃物、酸雨增加、沙漠化、生物多样性减少、海洋污染等。这些，已是全人类必须面对和解决的世界性难题。

1962 年，美国生物学家蕾切尔·卡逊（Rachel Carson）在《寂静的春天》一书中，就 DDT 杀虫剂的广泛使用对海洋、天空和土地等自然环境的整体影响进行了详细描述，使人们开始认识到化学污染对人类环境所造成的巨大的、难以逆转的危害。20 世纪四大著名的环境污染事件所造成的严重人身伤害和伤亡[1]，也让人们看到企业发展过程中所面临的资源环境冲突与困境。

表 1.1 显示了人们在不同时期对资源环境问题的关注。该内容虽然发表于 1993 年，但表中所提到的环境问题，愈演愈烈。尤其是第二波、第三波中的具体话题，已成为影响人们生活质量和幸福指数的普遍问题。

---

〔1〕 即 1930 年比利时的"马斯河谷烟雾事件"、1943 年美国洛杉矶的"光化学烟雾事件"、1952 年英国伦敦的"伦敦烟雾事件"和 1953 年日本的"水俣病事件"。

表 1.1　资源环境问题的三次浪潮波

波　次	一般话题	具体话题
第一波： 1940~1950 年代	有限的自然资源	食物生产的不适应 不可再生资源的消耗 杀虫剂与化肥的使用
第二波： 1960~1970 年代	生产和消费的副产品	垃圾的处理 噪音 空气和水体污染 放射性与水体污染
第三波： 1980~1990 年代	全球环境变化	气候变化 酸雨 臭氧层破坏

资料来源：根据下文整理：V. W. Ruttan, "Population Growth, Environmental Change, Change and Innovation: Implications for Sustainable Growth in Agriculture", edited by C. L. Jolly and B. B. Torrey, in *Population: Implication and Land Use in Developing Countries*, Washington DC: National Academy press, 1993: 124~156.

　　目前，我国碳排放总量已超过美国，位居世界第一。按照我国对国际社会的承诺，2020 年单位 GDP 的二氧化碳排放量应比 2005 年降低 40%~45%，这意味着 2020 年我国能源消费总量应控制在 42 亿吨标准煤以内，节能减排的任务十分艰巨。近年来，我国经济虽然高速发展，但"高投入、高消耗、高排放"的粗放型发展方式居主导地位，资源过度消耗、环境恶化的问题已相当严重，发达国家 200 多年工业化进程中分阶段出现的环境问题，在我国现阶段集中凸显，给人们生活和健康带来严重威胁，如淮河流域等地因水污染多年积蓄而形成的"癌症村"、2006 年末的松花江污染事件、2010 年 7 月紫金矿业污染造成汀江部分水域严重污染和大量鱼类死亡以及近年来太湖和巢湖等水域频繁发生的蓝藻事件等等，都与企业的生产经营活动密切相关。因此，"高投入、高消耗、高排放"的粗放型发展方式，不仅不可持续，而且也违背发展经济的目的在于提高全体人民生活水平和质量的要求，资源、环境的硬约束已成为倒逼中国经济转型升级的重要动因。[1]同时，我国自然资源状况也十分堪忧，年均缺水量达 536 亿立方米，2/3 的城市缺水；石油、天然气、铁矿石等资源的人均拥有储量也明显低于世界平均水平；生态系统退化严重，生态系统破坏带来了自然灾害频发，耕地面积已接近 18 亿亩红线。

企业，是社会经济活动的主体，所有资源短缺和环境问题的发生和解决，都与企业的生产经营方式紧密关联。1995 年，可持续发展工商理事会与世界工业环境理事会合并，成立了世界可持续发展工商理事会（World Business Council for Sustainable Development，WBCSD）。该组织秉承可持续发展理念，主要聚焦能源与气候、发展、工商企业的角色和生态系统四个关键领域，致力于推动经济、环境和社会的协调发展。1992 年，可持续发展工商理事会在其出版的《改变航向：一个关于发展与环境的全球商业观点》一书中指出，企业界应该改变长期以来作为污染制造者的形象，努力成为全球可持续发展的重要推动者。并由此提出了"生态效率"的概念（eco‑efficiency），要求企业在更少的资源利用、废弃和污染的条件下，创造更多的财富。这就要求企业的经营活动以社会的可持续发展为前提，考虑资源环境状况，因为只有社会可持续发展，才能为企业可持续发展提供生存基础，企业的可持续发展则为社会可持续发展提供

---

〔1〕 林兆木："中国经济转型升级势在必行"，载《经济纵横》2014 年第 1 期。

动力，二者相辅相成。从20世纪90年代开始，很多国家也通过更加严厉的法律法规来督促企业以环境友好的方式开展经营活动。因此，企业如果不能迅速应对资源环境问题所带来的变化，不遵守相关法律法规，不但无法形成持续的竞争优势，甚至难以在市场中生存。而一些先锋企业，如美国的3M公司、日本的丰田汽车等企业，不仅仅主动改善自身的环境行为，还积极致力于为全球环境问题的改善作出努力。

1994年，我国政府的《中国21世纪人口、环境与发展白皮书》，也首次把可持续发展战略纳入国家经济和社会发展的长远规划；1997年，中国共产党的"十五大"报告把可持续发展战略确定为我国"现代化建设中必须实施"的战略；2003年的《中国21世纪初可持续发展行动纲要》中指出：我国实施可持续发展战略的指导思想是：坚持以人为本，以人与自然和谐为主线，以经济发展为核心，以提高人民群众生活质量为根本出发点，以科技和体制创新为突破口，坚持不懈地全面推进经济社会与人口、资源和生态环境的协调，不断提高我国的综合国力和竞争力，为实现第三步战略目标奠定坚实的基础。2011年的"十二五"规划纲要中也明确提出了单位国内生产总值能耗、二氧化碳排放量降低和主要污染物排放总量减少的约束性目标。因此，我国要实现可持续发展，就必须转变传统的经济发展方式，实现三个关键转变：一是从重经济增长轻环境保护转变为保护环境与经济增长并重，在保护环境中求发展；二是从环境保护滞后于经济发展转变为环境保护和经济发展同步，努力做到不欠新账，多还旧账，改变先污染后治理、边治理边破坏的状况；三是从主要用行政办法保护环境转变为综合运用法律、经济、技术和必要的行政办法解决环境问题，自觉遵循经济规律和自然规律，提高环境保护工作水平。[1]

当前，经济发展、社会进步和环境保护已构成可持续发展的三大支柱，推进经济发展与资源节约型、环境友好型社会建设的相互协调，加快发展绿色、低碳、循环经济，是我国经济新常态、也是中国经济转型升级的重要内涵，对每个企业都将带来机遇和挑战；资源环境等要素正在成为企业实现可持续发展的外部约束条件，企业如何在这些约束条件下对稀缺资源进行合理配置和利用，是企业能否持续发展必须解决的战略问题；每个企业在应对资源环境问题中如何行动，也决定着我国经济能否成功实现转型升级。

1.1.2 研究意义——环境经营与企业可持续发展

目前，我国经济经过高速发展已换挡进入新常态，"既要绿水青山，也要金山银山。宁要绿水青山，不要金山银山，而且绿水青山就是金山银山"的发展理念已经日益深入人心；在"十三五"（2016~2020 年）期间，我国还将初步考虑探索建立环境审计制度。这些，都将强化自然资源和自然环境对企业的约束，影响着企业可使用的生产要素。因此，企业必须了解资源环境要素对自身发展的限制，了解自身经营活动对资源环境所产生的影响，了解如何从资源环境的硬约束中寻找发展机会。只有这样，才能找到企业可以持续发展的模式。对这些问题的探讨，构成了本书的理论意义和现实意义。

1.1.2.1 理论意义

在主流战略理论中，设计学派、计划学派、结构学派和学

---

〔1〕 温家宝："环保工作要实现三个转变 做好四方面工作"，载新华网，http://news. xinhuanet. com/newscenter/2006-04/18/content_ 4443860. htm.

习学派都强调企业战略与环境要相匹配。企业设计学派认为企业战略就是使自身的条件与所处的环境相适应；计划学派把企业战略行为看做一个组织对其环境的感应过程以及由此而引起的组织内部结构变化的过程；结构学派则认为战略就是在产业环境的约束下寻找和确定适合企业生存与发展的理想位置；而学习学派则主张企业的外部环境具有很强的力量和不可预测性，所以战略的形成与演变应当实行渐进主义。

这些理论中所指的环境，无疑都包含自然资源环境等要素。企业战略的制定者，如果不了解自然资源环境要素对企业战略的影响，将极大地影响企业战略对资源环境变化的有效适应。反之，企业如果主动根据自然资源环境的约束而改变战略，则可以为企业赢得竞争优势，在战略时机的选择上获得具有期权价值的回报。2006年，前世界银行首席经济学家尼古拉斯·斯特恩（Nicholas Stern）就曾在《斯特恩报告》中指出：全球每年将 GDP 的 1% 投入低碳经济、提高资源能源的利用率和减少环境污染等，可以避免将来每年 GDP 5%～20% 的损失；这些努力也必须被看成是一种投资，是一种为了避免在现在和未来数十年里产生非常严重后果的风险所需要的成本。[1]该报告还指出：过去 100 年来，发达国家能源供应的效率提高了 10 倍，甚至更多，进一步提高的余地远没有穷尽。国际能源机构的研究显示，到 2050 年，能源效率有可能成为能源行业中节约排放的最大的单一来源。这样的能源效率改善，为企业带来能源支出的减少并减少了污染物排放，既有益于企业自身盈利，又有益于环境。

因此，如何将自然资源环境要素纳入企业战略并实施？环

---

〔1〕［英］尼古拉斯·斯特恩："斯特恩报告（Stern Review）"，载中国网，http://www.china.com.cn/tech/zhuanti/wyh/2008 - 02/26/content_ 10795149. htm.

境经营如何从竞争优势的源头带动企业创造经济、环境、社会"三重价值"？企业实施环境经营带动经营绩效提升的内在机制是什么？如何对环境经营绩效进行评价等等，这些都是需要深入研究的前沿问题和现实问题。作者希望通过本书能够丰富对这些理论问题的探讨，使"环境经营具有战略性"这一观点进一步明确并得到佐证。

1.1.2.2 现实意义

目前，包括环境保护在内的生态文明建设已是我国国策，贯彻国策既是企业的义务，也是企业持续发展的必由之路。企业的可持续发展受到诸多因素的影响，环境保护、污染控制和能源利用等都是企业可持续发展中必须面对和解决的问题。本书的研究内容，致力于为企业解决这些问题提供参考。

（1）促进企业在环境成本内部化过程中实现可持续发展。一直以来，自然资源和自然环境因为具有公共产品或准公共产品属性，其在使用过程中存在着非排他性和非竞争性，被企业在很少或根本不用付费的情况下使用着；而企业行为所制造的污染则大都由整个社会买单，成为与企业无关的外部环境成本。随着生态环境的日益恶化、环境资源稀缺性的日益凸显和环境规制的强化，自然环境将不再是企业生产经营活动的外生变量，排污费、庇古税等命令型或激励型管理手段、新环保法实施等，正在对自然环境赋予可以计量价值的商品属性，企业必须对自己的环境行为承担经济责任——原来由整个社会承担的外部环境成本将逐渐转变为企业内部成本，成为企业生产成本的重要组成部分。因此，企业环境经营战略的选择和开展，对企业发展具有重要意义。

（2）提高企业在全球市场的竞争力。越来越多的中国企业在经济全球化浪潮中进入世界市场，企业的环境经营也因此越来越具有战略意义。1992 年联合国环境与发展大会后，工业发达国家利用自身的技术和环境优势实施非关税性的"绿色贸易壁垒"，把环境因素作为服务于本国贸易保护主义政策的一种武器，使其成为国际贸易谈判中讨价还价的筹码。近年来，发达国家不断提高进口产品的环境性指标来设置"绿色贸易壁垒"，我国企业必须积极应对，通过环境经营来提高产品在国际市场的竞争力，主动打破"绿色贸易壁垒"。它包括环境友好设计、降低污染、减少废物排放和改善内部运营体系等等，这本身也有利于企业加速融入国际市场的战略步伐，实现可持续发展。如广东中成化工有限公司从 1998 年开始，在循环经济的理念指导下，启动了"清洁生产工程"，共投资约 5000 万元。通过资源综合利用、不断对排放物进行减量、回收再用、循环使用，不但大大减少了环境污染，还从"三废"中回收了 5 种产品，每年可产生价值 6500 万元。现在，该公司已经成为世界最大的保险粉生产和经营企业，国内市场占有率达 80%，出口量占世界各国总出口量的 40%。[1]

（3）推动企业积极适应市场需要变化。目前，工业发展所产生的污染、可感知的环境恶化加剧，一方面促使各国民间环保意识高涨，要求企业以对环境和社会更加负责的态度开展经营活动；另一方面也使社会公众逐渐认识到非环境友好产品将危害身体健康，影响着公众消费观念的改变。很多消费者在购买商品时乐意为环保产品进行额外支付，绿色产品市场容量和份额都在迅速增长。据联合国统计署的调查显示，大约有 78% 的美国人、84% 的荷兰人愿意为购买绿色产品多支付 5% 的费用；在欧洲，大部分贴有环保标识的产品比没有环保标识的替

---

〔1〕 江莹、周世祥："浅析生态环境与企业可持续发展的互动机制"，载《华章》2011 年第 1 期。

代产品更昂贵，我国环保产品市场也呈现出类似的变化趋势。这就意味着环境友好产品在市场中具有了差异化优势，差异化优势下的企业利润将会远高于行业的平均利润。面对这些变化，企业最明智的做法就是实施环境经营。这不仅能强化其差异化的竞争优势，获取较高的回报；也有助于提升企业的市场形象，向利益相关者传递一种信息——企业具有高标准的质量管理体系，对客户、股东、员工、社会具有负责任的态度。各利益相关者在此信号的引导下也必然会对具有"绿色"形象的企业作出更高评价，从而提高企业的市场影响力。同时，企业遭受环境管制惩罚的风险、内部安全事故发生的概率也会因为实施环境经营而降低，这些都共同作用于企业竞争力的持续增强，为企业带来稳定的、可持续的发展。

1.2 研究思路

本书的主要研究内容是环境经营的理论与实践，全书将遵循"为什么做"、"怎么做"、"做了效果如何"的研究思路来展开。如图1.1所示。

环境问题的应对不单是一些原则、观念、思维方式，更是一种社会实践；全球环境或地域环境问题的解决，必须通过众多企业的环境经营实践的积累才可能得以实现。从20世纪90年代起，在世界范围内，一些先锋企业就已开始将自身的发展与资源环境问题相关联，环境经营措施也发生了方向性的转变，即从末端治理转向源头控制，注重在包括产品设计到废弃的全部过程中减少环境问题的产生，通过产品生命周期的污染防治来减少环境负荷总量；对资源的使用也向再利用、再资源化转

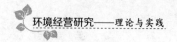

变。这些实践，都为环境经营理论研究积累了极好的素材。

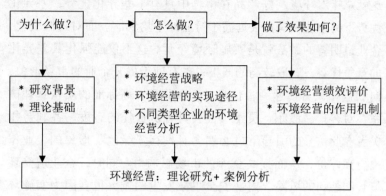

图 1.1　本书的研究思路

　　如图 1.1 所示，本书将在理论研究的基础上，注重案例分析；在案例分析中融入理论探讨，将理论研究与具体实践相结合，将"为什么做"、"怎么做"和"做了效果如何"的现实问题研究与企业战略、企业能力和企业社会责任等理论相结合，并通过具体案例进行分析，如环境经营对企业绩效的影响、环境会计与企业财务评价等。这些，都融入了作者近年来在此领域的思考和研究成果。

　　在附录部分，作者将列出一些反映研究动态、实践动态、发展动态的相关内容，与所在章节主体内容相互补充，以期为读者提供更有价值的参考。

1.3　主要观点

　　我国有关环境经营的研究主要集中在环境规制、环境绩效等方面，研究成果散见于一些论文。为弥补现有研究的不足，本书立足经济学、管理学理论，将对环境经营的理论、实施途径和方法、绩效评价等，进行较为系统的研究，并结合具体案例进行理论分析。主要观点如下：

（1）环境经营是围绕如何认识、解决环境问题，如何处理环境与企业经营活动关系而提出的一种新概念，是企业经营理念的重大转变，是循环经济、低碳经济、可持续发展等理论在企业经营活动中的具体实现形式。环境经营视自然环境要素为企业的经营资源，它贯穿于社会经济生活中生产、流通、消费、废弃、再利用等各个环节中。环境经营是企业在明确的环境政策和环境战略的基础上，通过环境管理体系、环境会计和环境信息公开等制度性建设；通过3R、节能、减少 CO_2 排放等具体措施，最大限度地减少环境负荷、提高资源的可利用率、减少对各种不可再生资源的消耗。环境经营的最终目的是通过环境效益、经济效益和社会效益的协调提高来谋求企业的永续发展，进而贡献于社会的可持续发展。

（2）环境规制不仅仅表现为约束、边界，而且是一个与绩效相关的、不能忽略的重要变量，是企业战略决策必须考虑的重要因素。[1]正如康斯坦茨（Canslance E. Bagly）所说"法律为企业的经营运作设置规则，企业在经营过程中必须依照和利用这种规则，甚至将法律规定的限制条件转变为企业创新发展的机遇"。

（3）前瞻性的环境经营战略，将带给企业成为行业领跑者的机会，它不仅仅意味着市场份额，也意味着企业可能成为规则的制定者。首先，作为行业或市场的率先进入者，先动企业

---

[1] Christmann, "Effects of 'Best Practices' of Environmental Management on Cost Advantage: The Role of Complementary Assets", *Academy of Management Journal*, 2000, 43 (4), pp. 663~680.

不仅可以优先获得，或者排他性地获得一定的稀缺资源；还可以主导建立或参与建立与企业能力相匹配的规则、规章和标准，即为竞争者制定标准障碍，从而获得行业定位优势。其次，先动企业由于对行业的充分了解并参与了规则的制定，可以较早地实施环境战略使企业积累更高的学习效应，获得成本优势。最后，先动企业的先发优势和对行业发展趋势的把握，将更容易预测政府将来的环境规制，并可以影响政府环境规制的制定，使企业可以较早地采取相应的管理与技术措施，在竞争中更容易获得竞争优势。

（4）环境经营不仅仅限于生产型企业，在以零售企业为代表的商业企业和其他服务业中，环境经营同样可以为企业带来新产品、新服务的开发机会，为企业降低经营成本提供有效方法。同时，为企业提高环境经营整体解决方案的服务型企业，也将获得更多的市场空间，如节能技术、废弃物处理和废气净化等第三方专业公司，通过为其他企业提供环境经营的整体解决方案将获得长足发展。

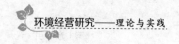

附录1.1

新常态给环保带来新机遇

一是改革红利释放，环境质量进入改善期。全面深化改革和依法治国明确了转型发展的路径和制度保障，建设生态文明的国家意志更加坚定，人民群众空前关注并积极参与环境保护，全国上下有望统一思想，真正迈入既要金山银山也要绿水青山，保护绿水青山就是保护金山银山的绿色发展期。

二是创新驱动增强,经济增长阶段转换进入关键期。长期以来,经济增长较多地依赖资源过度开发,资源能源高消耗、污染排放高强度、产出和效益低下特征明显。"十三五"期间,我国经济发展将从要素、投资驱动向创新驱动转变,高新技术产业和装备制造业增速高于工业平均增速,消费对经济增长的贡献超过投资。

三是经济增速换挡,污染物新增量涨幅进入收窄期。GDP增长进入中高速发展通道,重化工业快速发展的势头减缓,第三产业成为拉动经济增长的主力,总量和结构都在向有利于环境保护的方向发展。粗钢、水泥以及铜、铝、铅、锌等主要有色金属产品产量预期在2015年至2020年左右出现峰值,传统污染物新增量同比下降,污染物排放高位趋缓。

四是能源消费增速趋缓,污染排放叠加进入平台期。国际油价连续下跌,为我国能源结构调整创造了机遇,能源消费结构已悄然发生变化。能源需求开始呈现"三低"(低增速、低增量、低碳化)特征,高耗能行业增长缓慢、能源强度控制增强,经济总量与化石能源需求将逐步脱钩。APEC会议特别是中美联合气候变化声明签署后,能源和碳减排任务日益明晰。

五是新型城镇化战略实施,区域经济发展进入均衡期。我国城镇化率已跨过50%的门槛,其增长率已从2009年的5.8%下降到2013年的2.2%,跨越了高速增长期,城乡更加统筹协调,国土空间优化与生态环境压力缓解的机会窗显现,环境污染增量的增加相对下降。

六是生态金融渐趋活跃,绿色、循环、低碳发展进入蓬勃期。环保投入是环保事业发展的物质基础,长期稳定可靠的盈利回报机制逐步健全也使环境保护领域吸引力增强。环保投融资机制不断创新,政府采购环境服务激活市场,环保产业新模式、新业态不断涌现，全社会的环保投入将逐步增加，绿色经济不断壮大。

资料来源：中国新闻网，http://finance.chinanews.com/ny/2015/02 - 17/7071757.shtml.

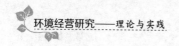

2014 年技术性贸易壁垒热点回顾

据统计，2014 年全国约 23.9% 的出口企业受到国外技术性贸易措施的影响，因退货、销毁、扣留、取消订单等直接损失达 685 亿美元，技术性贸易壁垒已经超过反倾销，成为影响我国出口的第一大非关税壁垒。

1. 欧盟 BPR 持续发酵

自 2013 年 9 月 1 日欧盟生物杀灭剂法规（BPR）取代旧指令（BPD）正式实施以来，该法规已成为继欧盟《化学品的注册、评估、授权和限制》（REACH）法规之后，又一道影响纺织鞋服等数十类产品出口的重要屏障。

BPR 指的是 Biocidal Products Regulation，即《生物杀灭剂产品法规》。该法规监管的范围包括杀虫剂、消毒剂、抗菌抑菌产品和防腐剂，涉及的产品领域包括个人护理、饮用水处理、工业领域的抗菌剂以及纺织行业纤维整理剂等。2016 年 9 月 1 日法规过渡期结束后，若想出口生物杀灭剂产品至欧盟，则须保证该生物杀灭剂所含有的活性物质的进口商或生产商，或该生物杀灭剂产品的进口商，三者中至少有一个已被列入欧盟的许可供应商清单中，否则不具备输欧的基本资质。

我国相关企业一方面要保持高度的警惕性和前瞻意识，明确生产中涉及的生物杀灭剂产品是否列入法规的管制范围，在产业链和产业内寻求具有资质的生物杀灭剂原料供应商与其合作。另一方面，企业应结合自身情况，积极主动了解申请授权所需的数据资料及其复杂程序，制作合规卷宗，抓紧在过渡期内向欧盟申请授权，并按欧盟规定制作符合要求的标签标识。

2. "禁氟令"敲响电器出口企业警钟

2014 年 5 月 20 日，欧盟委员会发布关于温室氟化气体（F-Gas）的新条例，新条例于 2015 年 1 月 1 日起正式实施，希望在 2030 年前将欧盟境内温室氟化气体的排放量减少至现今水平的三分之一。

含氟温室气体包括氟氯化碳（CFCs）、氢氯氟烃（HCFCs）、氢氟碳化物（HFCs）、全氟化碳（PFCs）和六氟化硫（SF6）等人工制成的化学物质，通常应用于冷藏冰柜、空调、隔热泡沫、喷雾剂及灭火器等产品中。在最近几年，HFCs 因没有臭氧层破坏性，被用作 HCFCs 的替代物大量使用，结果在保护大气臭氧层的同时却加速了全球变暖，引发了国际社会的关注，同样面临被取缔的命运。新规中明确禁售含氢氟碳化物且达到特定暖化潜能值的几类产品：包括 2015 年前禁止含该气体的家用冷藏箱及冷冻箱；2020 年前禁止商用冷藏箱及冷冻箱和挤塑聚苯乙烯泡沫；2018 年前禁止含该气体的气雾剂等。

当前电器产品正全面走向"无氟化"时代，无氟家电产品也会在需求潜力大、带动性强的领域加快发展。对于广大企业来说，一方面应密切关注欧盟《含氟温室气体法规》议案的发布，加速节能环保产品结构升级，尤其注重国外节能环保技术的消化、吸收和运用；另一方面，应提升各类新型绿色制冷剂替代技术的研发水平，努力打破国外技术垄断，掌握自主知识产权，助推产品核心竞争力提档升级。

3. 美国"能源之星"计划出台更新多项新规

"能源之星"目前已被加拿大、日本、欧盟、澳大利亚等诸多国家引进。根据美国环保署报告，通过选择使用"能源之星"标识产品，美国 2012 年共节省约 58 亿美元的能源支出，以及 2.42 亿吨温室气体排放。2014 年美国出台、更新的能效标准涉及电视机、洗衣机、照明灯具、电脑等多项产品。高标准的技术是各国的共同追求，我国唯有通过加速创新、实现技术跨越，缩小与发达国家的技术差距甚至超越对方，才能在国际市场上拥有更强的竞争力。

4. LED 产业风险加大

近年来，我国灯具产业蓬勃发展，成为与家电并驾齐驱的重点出口产品。LED（发光二极管）电光源作为灯具的领跑者强势崛起，同时也成为各国技术法规和标准的"靶心"。2014 年 LED 照明产业的各项新规伴随着壁垒效应席卷而来，成为隐蔽性较强的风险因素。

一是能源测试方法持续严格。美国能源部提出 LED 灯泡的新能源测试程序，明确了测量流明输出、输入功率和相对光谱分布的方法。

二是认证程序更加严苛。我国国家认监委发布公告，对原有强制性认证实施规则进行调整修订，LED 电源等产品于 2014 年 9 月 1 日起正式被纳入强制性 CCC 认证范围。

三是强制检验门槛提升。台湾地区已于 2014 年 7 月起实施 LED 灯泡强制检验，测试项目包含安全、性能及电磁干扰，未经检验即上市销售且经查证属实者，将被处以新台币 20 万元以上、200 万元以下罚款。

在新规面前，相关企业一是要加强产品检测把关能力，严格按照国际标准进行型式试验，在质量管理上把好原材料关、生产安全关和出口检测关。二是完善技术支撑体系，以加强产品自主创新为主线，着力突破制约灯具发展关键制造技术，提高产品附加值和品牌认可度。三是高度关注预警信息，参照国内外市场产品召回涉及的敏感焦点问题、高风险质量安全项目加以整改，在厘清自身需掌握的具体产品要求及应对方案上下功夫，促进出口可持续增长。

5. 医疗器械产品纳入《在电子电气设备中限制使用某些有害物质》（RoHS）管控

体外诊断医疗设备将于 2016 年 7 月 22 日开始实施 RoHS 指令。医疗器械产品要符合新 RoHS 指令，最重要的是产品中的铅、汞、镉、六价铬、多溴联苯和多溴联苯醚六类有害物质的含量需控制在限值以下。此外，考虑到现有科技水平及经济影响，欧盟还对某些类别的医疗设备及设备中使用的材料提出了豁免，医疗器械生产厂商在进行 RoHS 管控时，应注意参考相关的豁免清单。

对于新纳入管控的产品，欧盟很可能在今后的市场调查中加大抽查力度。相关企业需要高度重视，加强产品的品质管理，采购绿色环保原材料，提高研发水平，寻找可行的替代品，着力改进工艺流程，并借助具有相关资质的第三方检测机构，积极地进行产品送检，确保出口产品符合 RoHS 要求，避免造成损失。

资料来源：中华合作时报，http://www.zh-hz.com/html/2015/02/02/324331.html.

第2章
环境经营概述

　　环境经营一词在日本被频繁使用，其英文为 Environmental Management，"Management"本身既有管理，也有经营的含义。日本《经营工学用语辞典》一书中，对经营的解释是："从广义上说，经营是经营者为实现企业经营目的所进行的有意识、有计划的活动总称"；[1]认为"经营"是决策，具有全局性和长远性，解决企业的发展方向和战略问题，而"管理"一词偏重执行和措施。日本学界和企业界认为：要解决人类和企业共同面临的环境问题，就应该将环境视为战略性资源和资本来经营，将其纳入企业战略中，从环境问题产生的根源来寻找解决问题的方法，因而将"Environmental Management"译为"环境经营"，比"环境管理"一词更能体现其重要性，更能体现日本学者和企业界人士所主张的在应对环境问题时应该具

───────────

〔1〕 这一理解与科学管理创始人之一法约尔（Fayol）的观点相同。法约尔认为：经营就是企业使用全部财产，努力获取最大限度利润，达到企业的组织目标；经营包括六个职能即技术、商业、财务、安全、会计和管理，管理仅是经营中的一个职能。

有的主动性、战略性和前瞻性。而通常所说的环境管理，则包含在环境经营的管理技术中，是环境经营实施的方法或手段之一。

本章将以日本相关文献研究为主，对环境经营的来龙去脉进行阐述。

2.1　环境经营概念的形成和使用

2.1.1　"环境经营"一词的出现

日本经济学家内野达郎曾经说过："昭和四十年代（1965～1974）前半期是日本经济的黄金时代，是光芒四射的时代，但同时又是一个经历了因高速增长而引起各种矛盾的痛苦时代。"在这一时期，伴随着日本经济逐步恢复并快速发展，集中发展的化学工业造成的严重公害问题如水质污染和空气污染等，具有代表性的有 1956 年正式发现的"水俣病"，1957 年发现的"痛痛病"，1961 年发现的"四日市哮喘病"，1964 年发生的"米糠油事件"。在这四大公害中致病致残的人数已超过万人，成为人们研究环境问题的"经典案例"，相关伤害的索赔诉讼等，至今仍未结束。1965 年，以对四大公害提起诉讼为标志，深受其害的日本民众开始了反公害运动，日本学术界也开始积极讨论环境问题，与民间力量一起共同推动日本政府和日本企业对环境污染的重视和治理力度，环境经营一词也于 1990 年代初开始在日本出现。

1991 年，野村综合研究所在《环境保护活动的新思考：从成本向资源与竞争优势的转换》报告中，使用了环境主义经营一词。[1]从这一时期开始，日本关于环境经营的政府行为、学术研究和企业实践，就呈现出相互补充、齐头并进的态势。1996 年日本环境厅发表的《环境白皮书》中提出："环境管理是指企业等专业组织不仅要遵守法令等规章制度，还必须积极主动地制定环境保护的计划，并加以实施和评价。为此，企业应：①制订有关环境保护方面的方针、目标和计划；②对此实施和记录；③对实施情况进行检查并对方针等进行修正。这一系列的程序叫做环境经营，或环境管理系统。在这个环境管理系统中，对环境保护计划的实施情况进行检查的作业叫做环境监察。"在该文中，将环境经营与环境管理作同样理解，都在企业这一微观层面使用。但随着 1996 年国际标准化组织提出 ISO14000 环境管理系列标准之后，日本学者开始注意到环境管理与环境经营在含义上的区别，并在论述中对二者加以区分。如吉泽正和福岛哲郎[2]在《企业环境经营》一书中提出："环境管理一词，具有较强的企业经营活动中对环境事件的末端处理及管理色彩，而环境经营概念是包括企业经营者的信念及责任在内的企业经营的重要活动之一。"从这个意义上说，环境经营"是作为企业经营的一个功能，它包括 ISO 环境管理体系在内，是企业关于环境保护的大范围的管理"。此后，日本学者逐渐将 Environmental Management 一词定位于环境经营，并从多方面对其展开研究，吉泽正和福岛哲郎也被认为是首先指出环境管理与环境经营之区别的日本学者。这一理解也与西方学者的观点比较一致，如克里斯蒂（christie）认为环境经营是"从污

---

〔1〕［日］野村综合研究所证券调查本部："环境主义经营和环境商务报告（1991）"，第 71～73 页。

〔2〕［日］吉泽正、福岛哲郎：《企业环境管理》，日本中央经济社 1996 版，第 46～48 页。

染的事后处理向预防废弃物及污染和清洁生产转化的一系列技法和实践手段"，这种理解把解决环境问题同企业所有经营活动联系起来，从经营战略角度来解释和理解企业对环境问题所采取的行动。格雷（Gray）认为环境经营就是"确定企业的环境立场，制定改善环境的方针和战略并实施，同时为了对环境的持续改善、有效管理而改善经营体系的一系列活动"；诺斯（North）认为环境经营是"为了把企业经济的生态成果最大化，把环境保护贯穿于一切经营活动中"。[1]上述论述的一个共识是：环境经营一词涵盖企业经营活动的全程，具有战略性和持续性，而不是仅仅局限于某个环节或某一时期。

1997 年底，日本经济新闻社在第一次"环境经营年度调查"中使用了环境经营一词，并确定了包括 CO_2 减排量在内的"环境经营测度"指标体系，该项调查每年实施一次，一直延续至今。1997 年 11 月，日刊工业新闻社在其组织召开的"21 世纪绿色论坛"中使用"环境经营"一词作为研讨专题。1999 年，日本政府在《环境白皮书》第 1 章第 2 节标题中，也正式使用了"环境经营"的提法。由此，环境经营也成为官方用语，在日本政府的相关文书中被越来越多地使用。

2.1.2　环境经营的定义

那么，环境经营的内涵到底是什么？它与环境管理的不同具体表现在哪些方面？

1997 年 11 月，在日刊工业新闻社召开的"21 世纪绿色论坛"上，瑞典环保团体提出了 4 个基本论点：不增加地球的物

---

〔1〕克里斯蒂（Christie）、格雷（Gray）、诺斯（North）的观点均转引自：贾建锋、柳森、杨洁等："透视环境经营——对松下电器产业株式会社的案例研究"，载《管理案例研究与评论》2012 年第 8 期，第 306～314 页。

质系统、不将人类社会生产的物质加害于自然界、尊重自然循环和生物多样性、进行有效率的资源利用和资源分配等，引起了与会者的普遍关注。日本学者山口民雄认为，将这 4 点导入企业经营中就是实践环境经营，企业通过这样的经营来构筑循环型社会；认为"环境经营反映了全球环境问题时代所孕育的新的、重要的企业价值观，它将引导企业走向可持续发展的道路……环境经营的基本点就是从资源消费型社会向循环型社会转变，将循环的思想导入社会、经济的各个层面"。[1]这一认识来自山口民雄对企业环境经营活动的关注，他注意到日本的很多大企业在其经营活动中，用环境报告书、环境会计、ISO14001 等来体现环境经营。日本麒麟啤酒公司在其 1999 年的环境报告中就提到：环境经营就是一边积极展开环境保护事业，一边充实环境管理系统，使经济与环境从相互对立走向相互融合的过程。应该说，企业界的这种认识，与学者们的主张和日本政府在《环境白皮书》中的观点基本上是一致的，即环境经营是推动各种产业活动内化环境保护，在产品生产到服务提供的全过程中，将与环境问题相对应的战略逐渐具体化。[2]

2000 年，寺本义也、原田保在其编著的《环境经营》一书中，结合企业案例研究，认为环境经营是"将环境保护活动，作为企业经营活动的重要方面，并采取相应的行动，以最大限度地减少对地球环境的负荷的企业行为"。

2002 年，铃木幸毅在重新修订的《面向环境经营学的确立》一书中指出：所谓企业的环境经营，就是以服务于环境型社会建设为目的而确定企业的经营特点和模式。例如控制和减

---

〔1〕〔日〕山口民雄：《检证! 环境经营への軌跡》，东京日刊工业新闻社 2001 年版，第 81 页。

〔2〕〔日〕日本环境省：《1999 年度环境白皮书》，第 1 章第 2 节。

少废弃物的发生源；尽量不使用一次性的制品和容器；考虑制品和废弃物的再利用和再商品化，进行再利用和再生利用可能的设计、从废弃物中提炼有用物质等。在这个过程中，企业将零排放、资源循环利用作为经营目标，在经营过程中遵循环境伦理、承担具体的环境责任并以取得的实际绩效为环境做出贡献。[1]

2002 年日本政府《环境白皮书》中定义：环境经营是在减少地球环境负荷、贡献于社会的同时，将环境作为新的竞争力的源泉，进行有效率的企业经营活动，将环境保护作为企业经营战略的一环，制定与环境相关的经营方针、构筑环境管理体系、实施绿色采购、促进循环利用、公布环境会计数据和环境报告书等。[2]

2005 年金子慎原、金原达夫指出：环境经营就是从组织个体的立场出发，通过减少资源使用量、减少环境负荷来获得经济利益和环境保护双重价值的企业经济活动和管理运营，它贯穿在企业采购、开发、设计、制造、废弃物处理等方面所进行的各项活动中，企业在保护环境的同时也追求经济价值的创造，并强调因为环境问题的多样性，环境经营的做法也是多样的；环境经营是企业履行其社会责任所必须涉及的、也是企业被社会所关注的主要方面。[3]

尽管对环境经营的定义表述有所不同，但人们对环境经营的基本认识主要强调了三个方面：①环境经营活动贯穿于社会经济生活中从生产到废弃的各个环节，企业是环境经营活动的

---

〔1〕［日］铃木幸毅：《環境経営学の確立に向けて》，东京日本税务经理协会 2002 年版，第 67 页。

〔2〕［日］日本环境省：《2002 年度环境白皮书》，序章第 2 节。

〔3〕［日］金子慎原、金原达夫：《環境経営の分析》，东京白桃书屋 2005 年版，第 3～17 页。

重要主体（也包括其他各类组织）；②环境经营的目的是获得经济利益和环境保护的双重价值，是基于循环经济和可持续发展理念的新的企业经营模式，它体现了企业与自然、企业与社会的共同依存关系；③环境经营贯穿于企业采购、设计、生产开发、销售、废弃等经营活动的全过程，表现为企业的 3R、ISO 环境管理体系、环境会计、环境报告等具体的经营活动，是企业对环境责任、社会责任的担当。

2.1.3 环境经营的内涵

从内容上看，日本环境经营（Environmental Management）一词涵盖了英文中 Green Management、Environmental Business、Environmental Management、Environmental Marketing 等概念所包含的主要内容，强调环境经营应融入企业战略，相关的利益考量也应该着眼于长远，而不是眼前。当在微观层面讨论环境经营的具体实现形式时，日本多采用"环境管理"一词，主要包括 ISO 环境管理体系、环境管理会计（Environmental Management Accounting，EMA）等，表现为企业运营层面的具体活动，是一系列管理方法和实践手段。而在讨论企业整体的经营战略时，日本多使用"环境经营"一词，其中包含了相互关联的四个方面：绿色市场营销战略、环境风险规避政策、提高资源生产率的环境措施创新和环境新事业开拓；[1]包含了企业的环境哲学、环境经营体系、环境经营组织和环境经营战略。[2]在国家的宏观政策法律层面，如环境白皮书中，日本多使用"环境经营"一词。

---

〔1〕［日］寺本義也、原田保：《環境経営》，东京同文馆 2000 年版，第 232 页。
〔2〕李静江：《企业绿色经营——可持续发展的必由之路》，清华大学出版社 2006 年版，第 3 页。

从环境经营的内涵来看，环境经营更多地契合了欧美环境战略的概念。斯里瓦斯塔瓦（Shrivastava）[1]和哈特（Hart）[2]都认为：一直以来的企业战略环境，仅仅强调政治、经济、社会和技术等方面，而忽略了自然资源环境，自然资源环境并没有被看作影响企业经营活动的一个重要的外部因素。但自然资源环境是十分有限的，企业的商业活动必然受制于这种有限。[3]因此，可持续发展问题如果遗漏了对自然资源环境因素的思考，将导致企业创建的竞争优势缺乏持久性。哈特指出：在外部竞争环境和利益相关者都对保护自然环境和可持续发展非常关注的情况下，企业需要将自然环境纳入企业资源中，以此构建企业战略。[4]与末端治理的事后处理、以就事论事的环境对策不同，环境经营追求在输入、加工、输出的全过程中削减环境负荷。它不是在环境问题发生后或环境问题发生时的局部的、个别的事后对策，而是在经营活动全过程中实施预防性对策。

可见，将自然环境视为企业资源、视为企业战略要素的观点，在日本和欧美有其一致性，只是表述方式各有不同。

---

[1] Shrivastava P, "Environmental Technologies and Competitive Advantage", *Strategic Management Journal*, 1995 (16), pp. 183~200.

[2] Hart S. L., "A Natural-resource-based View of the Firm", *Academy of Management Review*, 1995, 20 (4), pp. 986~1014.

[3] Hart S. L., "A Natural-resource-based view of the Firm", *Academy of Management Review*, 1995, 20 (4), pp. 986~1014. Shrivastava, P., "Environmental Technologies and Competitive Advantage", *Strategic Management Journal*, 1995b, 16 (summer spcial Issue), pp. 183~200.

[4] Hart S. L. and G. Ahuja, "Does It Pay to Be Green? An Empirical Examination of the Relationship Between Emission Reduction and Firm Performance", *Business Strategy and the Environment*, 1996, 5 (1), pp. 30~37.

2.2　环境经营的理论基础

2.2.1　可持续发展理论

人类的发展是以资源环境条件为基础、以生态环境为依托的发展。但18世纪以来的工业革命以大规模生产的发展方式为人们带来丰富物质生活的同时，也在大量消耗地球上有限的资源，也使人们赖以生存的自然环境日益恶化，空气污染、资源枯竭、植被破坏、气候变暖和荒漠化等问题以及由这些问题所直接或间接导致的政治、社会、经济危机，从20世纪30年代起就开始困扰人类并且呈愈演愈烈之势。前文所述的《寂静的春天》一书中对由于除草剂、杀虫剂所引起的环境破坏进行了具体描述，对由人类经济活动而引发的环境问题给予了最重要的警告。前文所述的《增长的极限》一书，第一次向人们展示了在一个有限的星球上无止境地追求增长所带来的后果；明确指出人类迄今为止的持续的经济活动造成了地球有限的天然资源的枯竭，要求人们转变发展意识；1996年，希奥·葛尔本（Sergio Gore）在《被剥夺的未来》一书，提出了环境荷尔蒙（环境激素）概念[1]，指出一些人造化学物质存留于自然环境中，不仅引起生态环境的恶化，还将通过各种方式进入生物体内，引起生物内分泌紊乱，导致生物生殖、生长异常，其中包括导致精子减少。最令人担心的是，这些化学物质可能导致儿童注意力分散，智能下降；而注意力下降将导致人们无法建立

---

〔1〕 一些存在于生物机体之外的、具有与人和生物内分泌激素作用类似的物质，有时能引起生物内分泌紊乱，就将之称为环境激素，又称环境荷尔蒙。

稳固的人际关系，如此下去，领袖人物将会减少，这将造成人类社会退化。葛尔本曾经呼吁："现在必须进行新的社会革命，人们都在拼命扩大国内总产值，但是，今后应该以提高生活质量为目标。"

这些书的出版，不断向人们发出警告，也使更广泛的人群了解到人类经济活动和消费行为对人类所赖以生存的自然环境的影响，使人们意识到人类的经济活动，已经超越了自然环境能够自身修复的界限而不断威胁着人类的生存和发展。这也引发了世界范围内的环境保护事业，各种环保组织纷纷成立，各国政府和公众开始关注企业经营活动与环境问题的因果关系。

面对人类发展对自然环境的影响以及自然资源环境对人类发展的限制，人类必须反思已有的发展方式，探索新的发展路径，才有可能破解发展难题。1987 年，在日本东京召开的联合国环境特别会议上，以挪威前首相布伦特（Brent）夫人为首的世界环境与发展委员会成员们，向大会提交了题为《我们共同的未来》研究报告，报告中正式提出了"可持续发展"（sustainable development）的概念和模式，[1]对工业化以来人类社会的发展方式进行了反思和否定，明确指出：人类要实现可持续发展，就应该改变现有的生产方式和生活方式，注重资源能源的利用效率，减少对环境的伤害。报告将"可持续发展"定义为"既能满足当代人的需要，又不对后代人满足其需要的能力构成危害的发展"。自此，可持续发展理念、可持续发展方式、如何实现可持续发展等等，都成为世界性课题。1992 年在巴西里约热内卢召开的联合国环境与发展大会通过了《21 世纪议

---

[1]　World Commission on Environment and Development, *Our Common Future*, Oxford University Press, 1987. Sustainable Development 被译为"可持续发展"。

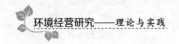

程》，内容涉及可持续发展的所有领域，会议明确将可持续发展理念作为各国政府的政策性课题，要求各国政府将环境与发展问题纳入政府决策过程；为保护人类共同的地球资源和人类的生活环境以及可持续发展，各国政府都应该向全社会发出倡议，指导并建议人们应该如何行动。

企业，是社会经济活动的主体，既是资源的使用者，也是诸多环境问题的引发者。从可持续发展与资源节约、生态环境的关系来看，可持续发展要求资源索取率不能高于人工的或者自然的更新率，必须保证废物的排放率不要超过自然的或人工的生态系统相应的净化率；自然资源的开发和管理要有利于维持或提高资源库的长期生产能力，并在环境容量可接受的前提下，促进从可选择的资源利用系统中得到长期的资产和财富；可持续不仅仅是不严重破坏人们赖以生存的资源环境基础，而且还要使之能够再生，或使之细水长流，直到出现新技术、新制度和新价值观使之被更有效地使用。[1]而这些，都与企业的经济活动相关联。因此，企业必须正确地认识自身使命，认识到企业的生存、长期发展与自然资源环境、人类可持续发展的关系；企业如果要获得更多的利润和长久的竞争优势，就必须及时地、正确地认识自然资源环境等要素的变化对企业经营活动的影响并积极地做出改变，使企业能够更好地适应变化、适应市场，主动贡献于社会可持续发展。1995 年，可持续发展工商理事会与世界工业环境理事会合并，成立了世界可持续发展工商理事会（World Business Council for Sustainable Development，WBCSD）。该理事会一直致力于可持续发展理念在各国企业中的实现，并主要聚焦四个关键领域：能源与气候、发展、工商业

---

〔1〕 转引自曹宝等："自然资本：内涵及其特点辨析"，载《中国集体经济》2009 年第 12 期。

的角色、生态系统，旨在促进经济、环境和社会的协调发展。1992 年，可持续发展工商理事会在《改变航向：一个关于发展与环境的全球商业观点》一书中指出，企业界应该改变长期以来作为污染制造者的形象，努力成为全球可持续发展的重要推动者，并提出了"生态效率"的概念（eco‑efficiency），要求企业用更少的资源、更少的排放来创造更多的财富。20 世纪 90 年代以来，各国政府也都出台了一系列有关环境问题的法律法规，各类国际组织也确立了许多协议或标准来引导企业采取行动，各国消费者的环境意识也普遍增强。

面对这些变化，如果企业继续漠视自然资源、自然环境要素，将越来越不被社会和消费者所接受。这也要求企业改变以追求经济利益为唯一目标的发展思路，在企业和社会皆可持续发展的前提下设定企业的发展目标；改变以无节制地扩大生产、消耗资源能源和污染环境来追求经济效益的传统发展方式。只有社会可持续发展才能为企业的可持续发展提供必要的支撑，企业的可持续发展则为社会可持续发展提供动力，二者相辅相成。

可以看到，可持续发展作为一种全新的发展观，其思想和理论正在从社会、经济和生态等传统的宏观视角，逐步被人们运用于对产业和企业发展战略的研究，其目的在于以企业的可持续发展促进社会的可持续发展，因而也成为环境经营研究不能缺少的理论基础。

2.2.2　企业社会责任

作为市场经济发展的产物，企业为社会进步和改善人们生活做出了重要贡献；作为独立的经济组织，企业的商业性和营利性也一直是其存在的理由，而企业及其经营活动也往往游离于环境、社会发展的话题之外。现实中，企业在向社会输送各种产品的同时，也大量消耗各种资源，排放各种污染物。20 世纪 20 年代以后，随着人类社会工业化进程的加快，企业发展而导致的社会问题开始频繁显现，如自然资源的日益减少或枯竭、各种环境污染、产品安全问题、商业诚信问题、"血汗工厂"等现象的出现，使人们开始思考企业和社会之间的关系，思考企业是否应当对社会承担责任以及承担什么责任，企业社会责任也开始被关注。早在 1895 年，美国社会学界的著名学者阿尔比恩·W. 斯莫尔（Albion W. Small）就曾在美国社会学创刊号上呼吁"不仅仅是公共办事处，私人企业也应该为公众所信任"，这标志着企业社会责任观念的萌芽。1924 年美国学者谢尔顿（Oliver Shelton）首次提出企业社会责任的说法，他把企业社会责任与企业经营者满足人们的各种需要的责任联系起来，并认为企业社会责任还应包含道德义务。一般认为，美国学者霍华德·R. 鲍恩（Howard R. Bowen）1953 年出版《商人的社会责任》被公认为标志着现代公司社会责任概念构建的开始，具有划时代的意义。1970 年，弗里德曼（Friedman）以福利经济学的第一定理和第二定理为理论依据提出"企业仅仅具有一种且只有一种社会责任——在法律法规许可范围内，利用企业资源从事旨在增加企业利润的活动，唯一对股东负责"。[1] 这一观点一直为人们所接受。但随着环境问题及其他社会问题的频繁出现，弗里德曼的观点也越来越受到人们的质疑。

进入 20 世纪 70 年代以来，西方社会普遍要求企业在实现利润最大化的同时，将其经营目标与社会目标统一起来，要求企业不仅应该履行经济责任，还应该履行保护环境、有节制地使

---

［1］ Milton Friedman, "The Social Responsibility of Business is to Increase Its Profits", *The New York Times Magazine*, 1970, September, p. 13.

用资源、减少或消除环境污染等社会责任，在获取经济利益的同时应兼顾企业职工、消费者、社会公众及国家的利益。这时候，人们争论的焦点已经不是"要不要承担社会责任，而是具体承担什么和怎样承担"[1]。戴维斯（Davis）认为，随着时代的变迁，企业对社会的影响已经增加，社会对于企业的期望也在不断提高，企业的社会角色也随之扩大，企业应该承担的社会责任内容也必须扩大。[2]这些观点，也代表了企业社会责任演变的不同阶段，见表2.1。[3]

表 2.1　企业社会责任演变

阶段演变	第一阶段		第二阶段	第三阶段		第四阶段
阶段名称	自我责任		经济责任	法律责任		社会大众责任
时　间	1300年前	1300～1800年	1800～1890年	1890～1940年	1940～1960年	1960年至今
企业权力	小	中	大	大而集中	大	大
企业社会表现	因企业而异	因企业而异	经济绩效好	剥削、垄断、妨害社会公益	在合法范围内创造经济价值	拙劣的商业行为、受信任程度降低

〔1〕 Janet E. Kerr, "The Creative Capitalism Spectrum: Evaluating Corporate Social Responsibility Throughale - Gallens", *Temple Law Review*, 2008, p. 831.

〔2〕 Davis Keith, Robe L., Blomstrom, *Business and Society: Environment and Responsibility* (3rd ed.), New York: McGraw Hill, 1984.

〔3〕 段文、晁罡、刘善仕: "国外企业社会责任研究述评"，载《华南理工大学学报（社会科学版）》2007年第3期。

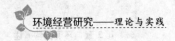

续表

阶段演变	第一阶段		第二阶段	第三阶段		第四阶段
阶段名称	自我责任		经济责任	法律责任		社会大众责任
重要的社会环境因素	宗教力量强	重商主义盛行,宗教力量薄弱	经济不稳定,经济目标为首要社会目标	大资本家出现,竞争减少,经济大恐慌		教育、生活水平提高,社会其他群体力量增强
社会责任观	不要求履行社会责任		经济责任	经济法律责任		经济、法律、伦理、慈善责任
最基本利益群体			业主/管理者	业主/管理者/员工	业主/管理者/员工/供应商/经销商/债权人	业主/管理者/员工/供应商/经销商/债权人/广大的社会大众
组织最基本目标			利润	利润、资源的使用	利润、资源的使用、销售量	利润、资源的使用、销售量、社会福利
企业管理模式			利润最大化管理	信托式管理	生活素质管理	

从 1970 年代至今,"企业的社会责任就是追求利润最大化"的观点逐步失去了统治地位,"三个同心圆"、"金字塔"、"三重底线"等理论为更多的人所接受。1971 年,美国经济发展协会(Committee for Economic Development)在其出版的《商业组织的社会责任》报告中提出了企业社会责任的"同心圆模型"

如图 2.1 所示[1]，内圆是指企业履行经济功能的基本责任，即为投资者提供回报，为社会提供产品，为员工提供就业，促进经济增长；中间圆是指企业履行经济功能应符合社会价值观，并关注重大社会问题，如保护环境、合理对待员工、回应顾客期望等；外圆是企业更广泛地促进社会进步的其他无形责任，如消除社会贫困、防止城市衰败等。

图 2.1 企业社会责任的同心圆模型

1991 年，美国学者卡罗尔（Carroll）对 1970 年代提出的模型进行了补充，提出了企业社会责任的"金字塔模型"，如图 2.2 所示。[2]

从底部到顶部依次是"经济责任"、"法律责任"、"伦理责任"、"慈善责任"。卡罗尔强调这四个责任并不是相互排斥，也不是相互叠加的，这样排列的目的只是强调企业社会责任的阶段性和发展顺序。比如，首先强调的是企业对股东的经济责任，

〔1〕 Committee for Economic Development, *Social Responsibility of Business Corporations*, New York: Author, 1971, pp. 15～16.

〔2〕 Carroll A. B, "The Pyramid of Corporate Social Responsibility Toward the Model of Management Organizational Stakeholders", *Business Horizons*, 1991., 34 (4), pp. 39～48.

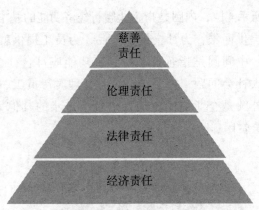

慈善
责任

伦理责任

法律责任

经济责任

图 2.2　卡罗尔的企业社会责任金字塔模型

这是企业生存的重要基础；其次强调企业的法律责任，最后才强调企业的伦理责任和慈善责任。[1]卡罗尔认为企业社会责任是指社会期望企业在经济、法律、伦理和自愿决定（慈善）方面履行的义务。社会在要求企业完成经济使命的同时，也期望企业遵守法律、符合伦理、投身公益。其中，经济责任是指企业应该给予股东投资的合理收益，给予员工稳定且收入相当的工作，给予客户质量合格、价格公道的产品等。经济责任是企业作为经济组织生存与发展的根本理由和原因，也是履行其他责任的基础。法律责任要求企业遵守法律规定，遵循游戏规则，不合法的企业将不能持续存在；伦理（道德）责任要求企业行为正确、公正、合理，符合社会准则、规范和价值观，企业履行经济责任应不与社会伦理道德相冲突。卡罗尔认为伦理责任不仅包含经济和法律期望，而且包括社会的普遍期望。慈善责任是企业第四层面的责任，包括慈善捐助，如对学校、医院和体育场馆等的捐赠等。

---

〔1〕　王新新、杨德峰："企业社会责任研究"，载《工业技术经济》2007 年第 4 期。

英国学者约翰·埃尔金顿（John Elkington）提出了三重底线理论，即经济底线、社会底线与环境底线是企业持续发展必须满足的三重底线。它要求企业不仅仅是向社会报告经济、社会和环境绩效，还应报告价值观、存在的问题和经营过程等一系列内容；企业的经营活动要考虑各利益相关方与社会的期望，设法控制和减少企业经营活动对社会和环境可能会产生的不良影响，追求经济、社会和环境价值的基本平衡。三重底线理论提出之后，逐渐成为理解企业社会责任概念的基础，也成为企业开展环境经营的理论基础之一。因为环境经营正是从企业与社会的关系出发，来思考企业应该如何平衡经济责任、社会责任和环境责任。环境经营的理念体现了企业不仅要对股东负责，追求利润目标，而且要对社会负责，追求经济、社会和环境的综合价值。事实上，企业的环境经营活动本身就具有社会性，是在相关法律法规的社会框架中进行的。如产品标准、污染物排放许可、生产者责任延伸（Extended Producer Responsibility）等法律法规，就是社会对企业的要求；企业追求经济价值的活动，必须在这些法律法规的框架中实施。正如日本《经团连地球环境宪章》中所说的，对于企业来说，"致力于环境问题的投入，是企业自身生存和活动的必要前提。"这意味着企业实施环境经营也是企业承担社会责任的方式，是企业的社会存在价值和合法性的体现。合法性意味着企业的行为规范与社会价值观、法律法规的基本一致，也就从根本上具有了伦理性、公平性、公益性。[1]

三重底线的根本意义在于：企业只有具有社会存在价值，才能在社会中立足；对于企业来说，企业所创造的环境价值、

---

〔1〕 关于企业合法性的论述，可以追溯到韦伯（M. Weber）和帕森斯（T. Parsons）的研究。

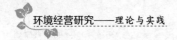

社会价值与经济价值同样重要。底线意味着最终的界限，三重底线反映的是企业环境经营活动在经济、环境和社会等三个方面的最基本成果。

2001 年，欧洲委员会发表的绿皮书中对企业社会责任重新进行了定义，即"企业自主将社会问题及环境问题与业务活动和利益相关者等的相互关系进行统一。"特别强调了企业环境经营的重要性。

2000 年，前联合国秘书长安南（Annan）倡导制定了针对企业行动的责任原则（联合国全球契约），并于 2004 年进行了修订。该原则由以下 10 项构成：①企业界应支持并尊重国际公认的人权；②保证不与践踏人权者同流合污；③企业界应支持结社自由及切实承认集体谈判权；④消除一切形式的强迫和强制劳动；⑤切实废除童工；⑥消除就业和职业方面的歧视；⑦企业界应支持采用预防性方法应付环境挑战；⑧采取主动行动促进在环境方面更负责任的做法；⑨鼓励开发和推广环境友好型技术；⑩企业界应努力反对一切形式的腐败，包括敲诈和贿赂。

其中，第 7~9 项与环境问题相关，表明企业的环境经营行为已被明确纳入到社会责任体系中，并得到国际社会和企业界的认可。

在 ISO26000 中，国际标准组织将企业社会责任对象划分为以下 7 个领域：①组织管理；②人权；③劳动惯例；④环境；⑤公平的业务惯例；⑥消费者问题；⑦社区参与及社区发展。

综上所述，无论从哪个层面来看，应对环境问题、实施环境经营，都已成为企业社会责任的重要组成部分，而战略性企业社会责任的提出，也为环境经营纳入企业战略体系提供了理论基础。

　　战略性企业社会责任（strategic corporate social responsibility，简称 SCSR）是由企业社会责任研究和战略管理研究交叉融合而产生的一个全新的研究主题。最早提出 SCSR 概念的学者是伯克（Burke）和洛格斯登（Logsdon）[1]，他们认为传统的 CSR 行为对利益相关者而言是有价值的，但对企业而言却是非战略性的；如果 CSR 的履行能够产生商业利益，特别是为企业的核心业务（竞争力的提升）提供支持时，它就具有了战略性。在《企业社会责任的新意义》一文中，德鲁克（Drucker）[2]指出企业应该把"社会责任问题转化为经济机会、经济利益、生产能力、待遇丰厚的工作岗位以及社会财富"。1996 年，伯克和洛格斯登在《企业社会责任如何实现回报？》一文中正式提出 SCSR 概念，将其定义为"当 CSR 能与业务关联并产生实质性的经济收益，特别是通过支持企业核心业务活动、促进企业使命的实现而对企业效益做出贡献时，CSR 就具有战略性"。伯克和洛格斯登通过对传统战略理论的综合分析，提出了一个 SCSR 实现价值创造的分析框架，并定义了它的五大特征[3]：一是向心性，指 CSR 行为与企业使命和任务高度匹配；二是专有性，指 CSR 行为与企业绩效的高度关联，企业通过 CSR 实现赢利具有必要性；三是前瞻性，指 CSR 行为有利于企业预测市场或社会的新兴趋势，帮助企业规避可能发生的风险和危机；四是自愿性，指 CSR 行为是企业的自主决策，而不是迫于外部压力；五是可见性，指 CSR 行为能够充分被企业内部和外部的利益相关

---

　　[1] Burke L. and J. M. Logsdon, "How Corporate Responsibility Pays Off？", *Long Range Planning*, 1996, 29（4），pp. 495～502.

　　[2] [美] 彼得·德鲁克：《管理：任务、责任和实践》（第 1 部），余向华、陈雪娟、张正平译，华夏出版社 2008 年版，第 120～132 页。

　　[3] Burke L. and J. M. Logsdon, "How Corporate Social Responsibility Pays off？", *Long Range Planning*, 1996, 29（4），pp. 495～502.

者观察到、意识到。这种将 CSR 与公司业务战略整合的思想，打破了一直以来企业经济目标与社会责任目标互不兼容的状态，为在战略管理领域研究 CSR 开辟了新的路径。

战略性企业社会责任对于环境经营的重要意义在于：在可持续发展的大背景下，自然环境已经具有了企业战略资源的特性，它与企业发展方向选择和经济利益密切关联，应对环境问题的具体内容需要融入企业经营的各个环节中。因此，应对环境问题的战略也必须与企业使命和目标相匹配，而不能脱离企业业务孤立存在。环境经营所发挥的作用正是从战略层面规划企业的环境行动，使企业的环境目标和企业盈利从相互冲突转化为目标一致，在实现企业经济利益的同时也减少环境负荷，承担环境责任，如图 2.3 所示。

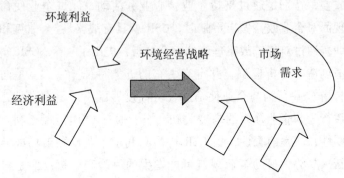

图 2.3 环境经营协调经济利益、环境利益

（资料来源：朝日監査法人環境マネジメント編：《環境経営戦略のノウハウ》，東京経済情報出版 2001 年版，第 12 页，有修改。）

2.2.3　共享价值理论[1]

1991 年，波特（Michael Porter）提出了著名的"波特假说"（Porter hypothesis）。该假说认为废弃物、有害物质、未使用资源或能源等向环境的排放，是资源的非效率、不经济使用，是浪费。对此，企业如果通过创新和革新来提高资源的生产效率，以此来抵消成本，则可以改善对环境的影响，消除经济与生态的完全对立，实现生态和经济的双赢。因此，政府严格的环境规制可以促进企业创新而抵消成本，厂商不但不会因此增加成本，反而可能产生净收益，从而在国际市场上更具竞争优势；[2] 1995 年，波特与范德林德（Class Van der Linde）进一步详细解释了企业环境行动引发技术创新、提升竞争力的过程。[3] 围绕波特假说，很多学者对其的合理性进行了检验。贾菲（Jaffe）[4] 等指出，环境规制的强化对竞争力并没有带来很大的负面影响，但其能强化竞争力的证据也不充分。鲁索（Russo）和福茨（Fouts）通过对 243 个成长显著性的企业的数据分析，证明了环境效益与经济效益具有正相关；[5] 哈特和阿胡加（Ahuja）对美国 127 个企业 1 ~ 2 年的数据研究，说明了环境效益与经济效

〔1〕董静雨同学对此部分内容有贡献，特此感谢。

〔2〕Porter M. and C. v. d. Linde, "Green and Competitive", *Harvard Business Review*, Sep - Oct, 1995, pp. 121 ~ 134.

〔3〕Porter M. E. and Linde C., "Toward a New Conception of the Environment - Competitiveness Relationship", *Journal of Economic Perspectives*, 1995, 9（4）, pp. 97 ~ 118.

〔4〕Jaffe. A. B., Peterson S. and Stavins R., "Environmental Regulations and the Competitiveness of U. S Manufacturing: What Does the Evidence Tell Us", *Journal of Economics Literature*, 1995, pp. 132 ~ 163.

〔5〕Russo M. V. and P. A. Fouts, "A Resource - Based Perspective on Corporate Environmental Performance and Profitability", *Academy of management Journal*, 1997, 40（3）, pp. 534 ~ 559.

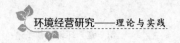

益是正相关[1]等等。但不支持波特假说的研究结论或事例也存在。很多时候，企业对于环境问题的应对并非出于自愿，只不过碍于社会公众对于社会责任领域的日益重视和关注。[2]

那么，企业究竟应该怎样应对环境问题？如何才能使企业的环境经营战略与利益正相关？在持续多年对企业战略、环境问题研究的基础上，继"波特假说"之后，波特又提出了"共享价值"理论。波特认为：共享价值是一种企业的战略及营运方式，它既能提高企业竞争力，又能促进企业所在社区环境的改善。该理论假设认为，经济与社会进步都可以用价值原则来衡量。[3]

2006年，波特在"公司与社会有福同享"一文中首次提出了企业与社会共享价值的理论思想。文中指出：公司要有自己独特的定位，采用不同于竞争对手的方式增加利益，降低成本，特别是推动一些能够为社会和公司创造明确且可观利益的计划；企业由于实施战略性社会责任计划，因而能兼顾由内而外和由外而内的多个层面，社会与企业的共享价值便由此产生。实施战略性社会责任的企业，在产品和价值链方面，通常会采取多种的创新方式来解决现有问题，在创造价值、造福社会的同时，也提升了企业的竞争力。[4]这也界定了共享价值的作用边界，即企业和与价值实现相关的成员、自然环境和社会环境。对企业而言，明确了减少污染、改善环境等行为与社会进步与企业

〔1〕 Hart S. L. and G. Ahuja，"Does It Pay to Be Green? An Empirical Examination of the Relationship Between Emission Reduction and Firm Performance"，*Business Strategy and the Environment*，1996，5（1），pp. 30~37.

〔2〕 陆景："社会环境对企业竞争力的影响"，载《江苏科技信息》2011年第3期。

〔3〕 Porter Michael E. and Mark R.，"Kramer：Creating Shared Value"，*Harvard Business Review*，2011（1），pp. 1~2.

〔4〕 迈克尔·波特、马克·克瑞默："公司与社会有福同享"，载《哈佛商业评论中文版》2006年第11期。

经济增长之间的关系；而与各利益相关者"共生存、共创建、共规范、共受用"则是共享价值的创造基础，它支撑和维护企业在秩序与规范中发展；企业如果要修复因为自身不当行为而造成的与社会之间的裂痕，就需要摒弃传统模式，在共享价值的框架内从企业战略高度重新界定企业目标和业务领域，在创造经济价值的同时，也能通过改善资源环境等现实问题为社会创造价值。

在关于共享价值的讨论中，社会问题是包括了资源环境问题在内的众多对企业发展构成影响的要素。要充分理解共享价值，企业就必须重新理解利益，即利益不是眼前的短期利益；如果企业仍然为追逐短期利益，或以牺牲环境和牺牲周围社区的利益为代价来谋取发展，则说明企业根本没认清当前经济的发展趋势。波特认为，企业只有获得社会意义上的利益，才可以不断进步，才有更透明、广泛、自由的成长空间，由此带来长久持续获利也是必然趋势。[1]

基于上述理解，我们看到：企业经营的目的不再是只为眼前短期的赢利，而应是创造共享价值。共享价值也不是企业现有利益的再分配，而是通过做大经济和社会的价值蛋糕来增加企业价值和社会价值。而企业的环境经营行为正是企业贡献于社会进步的发展战略，是着眼于长远利益为企业和社会创造价值的过程。波特在创造共享价值的具体方法中就提到企业应注重能源消耗与物流，节约资源。因为能源短缺及其价格的指数级增长，迫使企业不得不重新寻找应用更好的科技如回收利用、余热发电等方法来提高能源使用效率，这正是可持续发展社会所迫切需要的；企业降低运输成本、减少商品运输时间等都与

---

〔1〕 Peterson, Kyle, Mike Stamp and Sam Kim, "Competing by Saving Lives: How Pharmaceutical and medical device Companies Create Shared Value in Global Health", *FSG*, March, 2012.

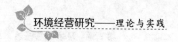
降低碳排放、节约能源等资源环境问题密切相关。如沃尔玛通过调整配送货路线后，既提高了送货效率，又缩减了因耗油损车产生的 2 亿美元成本，还降低了汽车尾气污染。一些企业利用新的节水措施，在节省大量淡水资源的同时，也降低了公司成本，增加了营业收入。

正是在实施环境经营的过程中，企业创造了有利于企业和社会的共享价值，改善了环境质量，节约了资源。它既给企业带来了核心竞争力，又为改善资源环境状况做出了并不损害企业自身利益的贡献。波特认为，企业只有获得社会意义上的利益，才可以不断进步，才有更透明、广泛和自由的成长空间，其长久持续获利也是必然趋势。[1]

共享价值理论倡导企业积极发现、挖掘和自身主营业务有关的社会问题，而并不是试图解决所有的社会问题；企业将环境视为生产经营要素而开展环境经营活动，减少能源资源的使用，减少废水、废气及固体废弃物等的减排，既可减少企业成本，也改善了自然环境和周边居民的生活环境，这就是企业环境经营所创造的共享价值。共享价值的选取标准并不是看某项事业是否崇高，而是要看其能否创造既有利于企业，也有利于社会的共享价值。反之，如果企业为履行社会责任而做与企业的主营业务没有相关性的"好人好事"，其所谓的"企业社会责任"往往会因为缺乏系统性和战略性的整体思维而难以持续；企业为了名声尝试去处理所有社会问题，也一定不会走得很远。[2]这也澄清了大众对企业社会责任主要是慈善行为、是做

---

〔1〕 Wilson E., J. Kuszewski, "Shared Value, Shared Responsibility", *London International Institute for Environment and Development*, 2011.

〔2〕 Lee H. L., So K. C., Tang C. S, "The Value of Information Sharing in Two-Level Supply Chain", *Management Science*, 2000, 46 (5).

好人好事的认识误区。因此，企业应从自身、利益相关者、社会、政府甚至谋求与竞争对手合作的角度，建立一个健康的合作网络；合作网络中的各方，以遵守法律法规为基本原则，以减轻企业对社会、对环境造成的伤害为基本条件，共同创造社会价值，进而带动经济价值增长；政府良好的规范与非营利组织的促进，则可以更好、更快地使共享价值得以实现。[1]

2.2.4　企业战略理论

企业战略这一概念出现在 20 世纪 50 年代，最早由哈佛商学院引入到企业管理中。[2]企业战略是在充分考虑外部环境和环境动态性、内部结构、资源和能力的现状和发展的前提下，为了实现匹配、创新、最终获得竞争优势而制订的企业目标和计划；企业战略存在的原因是战略有助于企业获得竞争优势。[3]在商业竞争中，企业战略研究的重要内容就是要分析企业在从事某一经营活动时所面临的外部环境，从而制订企业的经营目标和计划，安索夫（Ansoff）和安德鲁斯（Andrews）分别对此做出了重要贡献。安索夫认为，战略是企业与环境的匹配，是企业在发展过程中对未知未来的决策，并提出了"安索夫矩阵"，为企业做出战略决策时提供了业务选择的分析工具；[4]1971 年著名哈佛学者安德鲁斯在《公司战略概念》一书中提出著名的 SWOT 分析矩阵，提出企业战略是组织自身条件与外部环境的机会相适应的论断，指出企业利益的获得必须建立起一个能适应

---

〔1〕迈克尔·波特、马克·克瑞默："公司与社会有福同享"，载《哈佛商业评论中文版》2006 年第 11 期。

〔2〕Alchian A. A. , "Uncertainty, Evolution and Economic Theory", *The Journal of Political Economy*, 1950, 58 (3), pp. 211 ~221.

〔3〕郭勇峰："企业战略的性质及治理效应"，南开大学 2012 年博士学位论文。

〔4〕See Ansoff H. I. , *The New Corporate Strategy*, New York：Wiley, 1988.

外界变化需要的企业战略，以保证企业的整个利益方向。日益严重的资源环境问题，正在使企业战略制定的影响因素发生着重大改变，企业必须适应这种转变，从根本上改变对企业经营与自然环境关系的认识：即与环境相关的投入或事业不再是成本，而是企业应对环境政策及市场变化的经营资源，是企业竞争力的源泉；[1]在企业的长远规划中，必须考虑环境经营在企业战略中的位置并明确到底应该如何行动。企业为环境经营的投入，是能够为企业带来长远的利益、为企业追求经济效益带来新的事业机会，这也使得环境经营具有了重要的战略性，也使企业发展得以持续。[2]因此，企业必须对环境经营进行重新定位，即根据全球环境恶化的速度、国际国内政策的变化和动向、消费者环保意识的变化等，认识到环境经营的战略性；这也将提升企业的社会形象，帮助企业实现可持续发展。[3]

正如安索夫所指出的，战略之所以必要，是因为有了战略就可以节省决策者的时间和精力；可以发现潜在的机会；可以获得阶段性优势。[4]环境经营战略（Environmental Strategy）是企业为降低企业运营对自然环境的负面影响或遵守环境规制而采取的战略规划。[5]对企业的可持续发展越来越重要，因为如果遗漏对自然环境的考虑，将使企业创建的竞争优势缺乏持久性。哈特主张在自然环境日益恶化的大背景下，企业要建立持

〔1〕[日]山口民雄：《检証！环境经营への軌跡》，東京日刊工業新聞社 2001 年版，第 7 页。

〔2〕Porter and v. Linde，1996.

〔3〕[日]河口真理子："環境经营再論"，经营戦略研究，2008（15），第 84～105 页。

〔4〕Aguilera R. V.，Jackson G.，"The Cross–National Diversity of Corporate Governance：Dimensions and Determinants"，*The Academy of Management Review*，2003，28（3），pp. 447～465.

〔5〕Sharma S.，"Managerial Interpretation and Organization Context as Predictors of Corporate Choice of Environment Strategy"，*Academy of management Journal*，43（4），pp. 681～697.

续竞争优势，就必须考虑企业对自然环境的影响以及自然环境对企业可持续发展的约束限制。[1]鲁索和福茨、夏尔马（Sharma）和维里登堡（Vredenburg）进一步拓展了哈特的理论，促使企业如何应对环境问题的行为，成为企业战略管理研究中的重要问题。正如詹宁斯（Jennings）和詹德贝亨（Zandberger）[2]所指出的，在可持续发展的大背景下，企业需要将环境经营纳入战略管理、制定环境经营战略。正是基于这样的认识，我们看到，环境经营是企业应对环境问题所实施的管理运营，是一个全面的、整体的、战略性的概念，其目的是在追求环境保护的同时，也追求经济利益的实现。

创新，是企业战略的重要内容，是企业发展的动力，也是企业为适应变化而必须采取的行动。企业战略研究领域的重要学者熊彼特（Schumpeter）也曾论述了企业家和创新对于企业成功的重要性，并提出创新的五种情况，即：引进新产品、引入新技术、开辟新市场、控制原材料的新来源和实现企业新的组织方式；认为创新可以使企业实现优于其他企业的绩效，从而赚取经济租金。[3]管理学大师德鲁克（Drucker）认为创新不仅仅是技术，也包含人们对创新的认识，这同样适用于对环境问题的认识。随着各国立法和国际性立法的加强，由资源环境因素而引发的一系列问题给企业所带来的不确定性风险也在增加。"为回避风险、提高企业价值，需要有能够提高企业价值的新的环境经营……通过环境经营的创新活动使企业拥有潜在的能

---

〔1〕 Hart S. L. , "A Natural－resource－based View of the Firm", *Academy of Management Review*, 1995, 20（4）, pp. 986~1014.

〔2〕 Jennings P. D & Zandbergen P. A. , "Ecologically Sustainable Organizations: An Institutional Approach", *Academy of Management Review*, 1995, 20（4）, pp. 1015~1052.

〔3〕 参见［美］熊彼得：《经济发展理论》，何畏等译，商务印书馆1991年版，第4章。

力……它不仅仅是对原来产品和流程的改良，而是飞跃和创新，是将环境视为差异化要素，从而提高企业价值……这种创新渗透在制品开发、人才培养、物流、广告宣传、关系营销、消费者教育等各个领域，环境经营已成为 21 世纪企业经营管理中的重要要素"。[1] 这也意味着环境经营在本质上和组织的其他经营创新活动一样，伴随着对企业固有的经营系统的变革，包含组织能力的创新。这些组织能力特征一旦形成，因为其难以被移植或模仿，可以作为能够创造永续竞争优势的要素而长期为企业所拥有；进而提高组织所拥有的独特能力，提高组织的价值创造能力。

那么，基于战略高度的环境经营是否能提高企业的竞争力？是否有利于企业的可持续发展？这对于企业和社会来说都是一个重要问题，因为它意味着企业的环境经营是否是可持续的。[2] 西方学者克拉森（Klassen）和麦克劳克林（Mclauglin）认为，企业的环境经营行为与企业价值相互作用的机制并不明确，其过程还是一个黑箱。[3] 对此，日本学者金子慎原、金原达夫等人从企业组织理论和企业战略层面，对环境经营的运行机制进行了较为深入的研究，认为环境经营战略的确立及效果，与企业拥有的资源（人、财、物等）、能力（学习能力、创新能力、供应商及客户关系管理能力等）、组织制度（领导力、沟通模式等）、无形资产（品牌价值、企业社会评价等）等相关联。企业中"降低成本、推进 R&D、提高员工素质、提高竞争力等方面，

---

〔1〕［日］科野宏典："環境新時代に求められる企業価値を高める新環境経営"，知的資産創造，2005（8），第 6 ~ 12 页。

〔2〕［日］金子慎原、金原達夫：《環境経営の分析》，东京白桃书屋 2005 年版，第 53 ~ 54 页。

〔3〕Klassen. R. D. and McLaughlin. C. P.，*The Impact of Environmental Management on Firm Performance*：*Management Science*，1996，42（8），pp. 367 ~ 389.

也越来越与环境经营创新有高的相关性……环境经营创新与技术革新一样，具有左右企业竞争力的重要作用。今后这一点将越来越明确，而且有在全球扩展的势头"。[1]日本学者通过对日本经济新闻社 2006 年公布的"环境经营度调查"数据进行的回归分析显示：企业采取环境经营行动，与企业未来现金流的增大、企业影响力的提高等都有明显的正相关；环境经营将成为利润的源泉，提高企业的融资能力，最终提高企业价值。[2]威廉（William）与詹姆斯（James）、优素福（Yousef）等人也以相关研究，证实了环境经营与企业竞争力、企业战略的正相关性。日本学者丰澄智已通过对日本经济新闻社连续十几年的"环境经营度调查"中的 800 多家企业的实证分析，得出了环境经营与企业业绩有正相关性。如企业加强环境教育与 EVA（Economic Value Added）为正相关（$\beta = 0.17$，$P < 0.05$）；环境友好产品开发及环境友好物流的实施，与 ROA（Return On Assets）及 ROI（Return on Investment）都呈正相关（$\beta = 0.20$，$P < 0.05$）。这表明，对企业环境经营采取积极行动的企业，可以创造出比股东所期待价值更高的 EVA；积极实施环境友好产品的开发和环境友好物流的企业，也可以为企业创造出更高的收益；环境经营不仅仅能实现企业的持续发展，也能提高企业竞争力，进而成为企业获得竞争优势的源泉。[3]

　　这些从企业战略层面关于环境经营与提高企业竞争力、建立企业竞争优势的相关性的研究，说明"环境经营战略的制定

---

〔1〕［日］天野明弘："環境経営の転換と経営イノベーション"，日本貿易会月報，2007（650），pp. 30～32 页。

〔2〕Hongo Akashi，"Does Environmental Management Increase Firm Value"，*Social Science 64 COE Special Edition*，2008，pp. 257～268.

〔3〕［日］丰澄智已：《战略的环境经营——环境与企业竞争力的实证分析》，中央经济社 2007 年版，第 225～227 页。

不是为了吸引眼球，而是为企业构筑可持续发展的系统，获得长远性收益——这是排名在前的企业的特征。"[1]这，也是对环境经营如何影响企业战略的最好诠释，即环境经营不是企业被动地应对政府、社会和公众的要求，而是主动把环境因素纳入企业战略中，从环境经营中获得效率和竞争力。

战略最大的特点是具有长远性、可持续性，能为企业带来竞争优势。[2]基于企业战略理论的环境经营研究，使环境经营的研究角度和研究内容从环境对策向环境经营战略转换，这也意味着人们对环境经营价值观认识的变化，即从权衡经济利益与环境价值的经济人的价值观，向环境效率优先的社会人的价值观转变；意味着将分散于企业各个环节的各种环境要素整合起来统一纳入环境经营战略体系，意味着企业的经营战略向以环境经营为基轴、以可持续发展为目标的战略构建转变。这些，都将成为大多数企业的选择。

可持续发展、企业社会责任、共享价值和企业战略等理论，从不同方面为环境经营研究提供理论基础，也抓住了环境经营的本质——价值创造。这，正是环境经营的精髓所在。

目前，对环境经营的认识，已由企业与环境的单向度关系，转为面向可持续发展的多维度视野，更多地关注与环境紧密相连的企业与生态、企业与社区、企业与社会、企业与国家等关系领域，重视各种关系彼此间的相互依存。人们已经普遍认识到企业的经济活动与决策，在现在和将来都会对资源、对当地社区、对环境造成影响。因此，环境经营是由两个层面构成的，

〔1〕〔日〕廣崎淳、瀬戸口泰史："環境経営を再定義し将来展望もつ戦略立案の好機"，地球環境，2005（4），第36～39页。

〔2〕Porter, M. E., "What is Strategy?", *Harvard Business Review*, November – December, 1996, pp. 61～78.

即对应自然环境的诸多课题而进行积极努力的狭义的环境经营和对应社会环境的诸多课题而积极行动的社会贡献活动。作为可持续发展背景下企业形象的核心，环境经营是企业与自然环境和社会环境的有机联系，不能将二者分开来讨论。[1]这一认识，将环境经营活动从自然环境层面扩大到所在地域和全社会层面，也使企业来自于社会也必将还原于社会的"企业市民"思想得以充分体现。

随着社会责任意识与理念在环境经营研究中的渗透，人们对环境经营的研究也从单纯的自然环境问题，上升为对企业社会责任的研究；环境经营的研究内容从应对环境问题的狭义环境经营，扩展为包含生态、社会、经济、政治在内的广义的环境经营；在有关 CSR（企业社会责任）的研究中，环境经营成为其中的重要内容；许多企业的环境对策部门也升格为社会责任部门。这种变化深刻地反映了世界范围内循环经济、低碳经济、可持续发展理念等对企业社会责任的要求，体现了与人类社会不同发展阶段相适应的企业环境经营的价值观；它要求企业在市场竞争中必须承担并发挥使资源能够顺利实现可循环的、可持续发展社会建设的责任……企业的环境行动与企业的中长期利益、可持续发展的竞争力也是正相关的。[2]

从社会责任角度、共享价值、企业战略等方面对环境经营的认识和研究，表明环境经营已经超越了应对环境问题的单纯的经济行为，其实质已被界定为一种社会行为；企业的环境经营及其行为的价值已不仅仅体现为增进企业的微观利益，其经济价值只有符合或有益于社会的整体功能与利益才能得到充分肯定。这种认识本质上的变化，将始于公害治理的环境经营，

---

〔1〕［日］寺本義也、原田保：《環境経営》，日本同文馆 2000 年版，第 17～26 页。
〔2〕［日］貫隆夫等：《環境問題と経営学》，东京中央经济社 2003 年版，第 7～9 页。

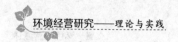

从企业单纯的业务活动，纳入到企业的可持续发展体系、纳入到企业的社会责任体系，使环境经营成为企业社会责任、企业战略的一部分，成为企业可持续发展的重要内容。

在此，我们还应该更加深刻地认识到，保护环境和经济增长并不是企业环境经营的最终目的；提高人们的生活质量，提高人们生活的幸福指数才是环境经营的终极社会目标。

2.3　案例研究：松下电器集团的环境经营

2.3.1　案例资料

在日本理论界对环境经营研究深化的同时，日本国家关于环境问题的法律法规也进一步加强。从 20 世纪 90 年代至今，日本相继制定了《环境基本法》（1993）、《容器包装再循环法》（1995）《家用电器再循环法》（1998）、《节约能源法》（1998修订）、《食品再循环法》（2000）、《循环型社会基本法》（2000）、《环境信息公开促进法》（2005）、《温室气体减排契约法》（2007）、《21 世纪环境立国战略》（2007）、《实现低碳社会行动计划》（2008）、《绿色经济与社会变革》（草案，2009）等政策和法律法规。这些法律法规都将循环经济、低碳经济作为推动可持续发展社会建设的国家战略，也将环境经营的重要内容如 3R、节能减排、环境会计、环境信息公开报告制度等，明确为企业必须承担的法律责任，直接与企业的生存和发展相关联。这些，都对日本企业的环境经营实践产生了深远的影响。

进入 21 世纪，随着可持续发展理念深入人心和法律规制的强化，日本企业的环境经营大都从被动的、公害发生后的"末端治理"处理对策，向积极的、事先预防型的、承担社会责任的环境经营转变。表 2.2 所反映的是日本著名企业松下电器集团（Panasonic Corporation）的环境经营状况，很有代表性。

表 2.2　2009 年松下电器集团的环境经营

项　目	内　　容
企　业	通过企业的生产、销售等经营活动，谋求社会生活水平的改善，为世界文明发展做贡献。
环境宣言	谋求实现与宇宙万物和谐共存、共同繁荣，并以其为使命实践企业的社会责任；为了地球平衡发展的健康肌体，而致力于环境保护和环境友好行为。
环境愿景	在 2018 年，即企业创立 100 周年之际，将松下建成电子产品领域第一的"环境革新企业"。
环境战略	作为企业公民，秉承"企业是社会实体"的经营理念；将环境经营作为于企业发展的"基轴"，大胆转换经营模式实现环境经营创新；通过企业活动，实现环境贡献和企业成长的一体化。 (具体表现为松下的"生态理念战略"，追求企业与环境的和谐发展，使企业的环境经营活动贡献于 21 世纪社会可持续发展。)
环境经营的主要内容及特点	(1) 环境经营运营体制。特设环境革新部，以 PDCA [1] 为中心的环境经营推进体制；通过环境运营委员会，贯彻企业的年度《环境行动绿色计划》；并设有"CO_2 削减贡献委员会"、"资源循环推进委员会"等，推动企业全体的环境教育和环境经营活动。 (2) 环境信息公开。1997 年发布"环境责任报告"，2004 年改为"社会·环境报告"；2009 年起又增加了"生态理念报告"，提出了绿色消费的"商品生态理念"、绿色生产的"制造生态理念"和将环境经营在其全球企业推广

[1]　即目标设定（Plan）、实现目标的措施（Do）、目标达成效果的评价（Check）、有利于持续改善的措施（Act）。

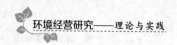

项　目	内　容
	的"广域生态理念"。该报告重点报告企业的环境经营实践及成果，附有各项环境数据。 （3）各个环节的环境经营活动。绿色采购、生物多样性保护、温室气体减排、高能效产品的开发、环境绿化、节约能源、环境管理体系建立、公平交易等；对环境影响的评价贯穿于整个产品生命周期即产品开发、采购、包装、物流、生产、使用、废弃回收、再资源化利用等各个环节。 （4）环境经营指标体系。对削减 CO_2 的贡献度；对资源循环的贡献度；清洁能源产品开发；环境友好商品销售率。其提出的 GT12 中期计划中明确：2012 年全球工厂 CO_2 排放量比 2005 年减少 5000 万吨，减少量为 20%；强化 3R 实施，再生资源的使用比例达到 12%，工厂废弃物的再生利用达到 99%，实现零排放；能源节约、能源创造、能源蓄积产品开发每年 16% 的增长率；每年推出 200 种环保产品，（实际上松下 2009 年推出了 395 种环保产品，成为日本业界第一）。 （5）环境会计。1998 年导入环境会计体系，一直致力于推动环境绩效的"数字化"、"可视化"。 （6）ISO14001 认证。其在日本的 39 个工厂和 26 个事务部门、145 个海外工厂及事务部门都获得了 ISO14001 认证，今后海外的新建工厂也都将在建成后 3 年内通过认证。 （7）环保社会活动。迄今为止，松下累积在世界各地植树 133 万棵；2010 年，松下的"生态接力"的环境保护活动，在世界 39 个国家和地区展开，有 20 万人参加。

注：作者根据松下企业资料整理而成。

在松下 2009 年度的社会责任报告中，环境友好产品生产、
CO_2 削减、资源循环、ISO14001 认证等也是报告的主要内容。
从 1991 年公布环境宣言、行动指针、松下环境宪章，到 1997 年
发布企业第一份环境责任报告，松下"通过本业为社会做贡献"

的经营理念一直没有改变，但企业关于环境经营的实践从观念到内容都发生了很大变化。正如松下在《2010 生态理念报告》中所表述的，21 世纪是环境的世纪，与环境共存是人类的共同课题，它要求企业、市民、地方行政都在环境问题中发挥重要作用，环境经营不充分的企业将不能生存。正是基于这样的认识，2010 年松下将与环境经营有关的企业活动专门公布为《2010 年生态理念报告》，这实际上恢复了对环境经营的专门报告，但其内容是涵盖了企业与环境、企业与生态、企业与社会的广义的环境经营。报告将"环境"扩展为"生态"，从"生活中的生态理念"（绿色产品开发、使用、销售过程）、"商业模式中的生态理念"（采购、生产及废弃过程）、"环境管理"（环境计划、环境体制、环境教育、环境会计等）三个方面，比 CSR 报告更详细、更具体地报告了企业环保产品开发、工厂生产、物流、再生利用、生物多样性保护、环境社会活动、环境管理等多个方面的企业行为，与自然生态和社会生态的紧密联系。

在松下的环境经营活动中，无论是中期计划《GP3 计划 (2007～2009)》、《GT12 计划 (2010～2012)》，[1]还是迎接企业诞生百年的《电子产品业界第一的环境革新企业》长期战略，都是以环境经营为基轴，通过绿色生活创新和绿色商业模式创新，致力于通过生态商品销售来提高人类生活品质，通过生态商品生产设计和再生利用来减少环境负荷，以此推动以环境经营为中心的商业模式转变，为实现"环境革新型企业"的目标奠定基础。

---

〔1〕 GP3 即 Global Progressive、Global Profit、Global Panasonic；GT12 即 Green Transformation 2012。参见松下集团 eco ideas report 2010。

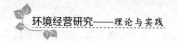

2.3.2　案例点评

环境经营包括四个环节：企业的环境哲学、环境管理体系、环境管理组织和环境经营战略。其中，树立企业良好的环境哲学是环境经营获得成功的首要环节。研究表明，环境经营成功与否，企业最高领导层的价值观与一般员工对环境经营的正确认识是关键，如果企业有强烈的意志将环境经营贯穿于企业战略中，企业的环境经营对组织发展就具有强大的推动力。如果企业高层不把环境预算当作费用，而是将其视为投资和提高竞争力的必要投入；企业员工在生产过程和其他业务过程中都具有良好的环境意识，那么企业整体的环境意识就处于较高的水平。当然，企业对环境经营的认识和全体员工环境意识不能自动形成，企业内部系统的环境教育和培训十分重要。

其次，是环境管理体系。环境管理是一个包括企划、执行和控制的完整体系，具体包括环境政策的制定、执行程序、执行方法、检查程序等一系列的活动，环境管理部门和其他业务部门的密切配合是提高环境管理效率的关键。

再次，精干高效的环境管理组织。与质量管理体系相类似，环境管理体系也应与企业的组织文化相融合，员工对环境问题的认识和积极主动的应对，都有利于企业顺利开展环境管理活动，提高企业的竞争力。因此，为了让环境管理体系落到实处，企业的环境管理部门要有明确的责任和权利，有话语权的高层领导加入环境管理组织，对企业环境经营的顺利开展具有重要影响。

最后，正确的环境经营战略。企业的环境经营战略应制订明确的环境经营目标和环境项目，并确定优先顺序。好的环境经营战略必须与企业战略、组织战略以及具体的实施和保障体系有机结合，才能相互促进，与企业战略相背离的环境经营战略往往是不可能获得成功的。

　　进入 20 世纪 90 年代以后，日本经济陷入长期低迷状态，寻求新的经济增长动力既是日本政府也是日本企业的迫切需求。环境经营"既能提高企业的竞争力，也可以强化日本的国际竞争力，将成为日本国际竞争力的源泉"[1]。日本经济产业省"产业与环境小委员会"在其 2008 年报告中就明确提出：环境不再是企业成本和风险，企业应该抓住环境问题带来的机会，通过创新带动组织能力的提高，实现环境经营的高度化、高效率化，强化企业竞争力。政府宏观政策的推动，促进了企业自觉的环境经营行动，通过环境经营在市民社会和企业组织之间搭建桥梁，追求企业的社会利益和经济利益的双赢。在日本经济新闻社每年进行的"日经环境经营度调查"中，排名在前的多数企业都在其长远规划中将环境经营作为企业经营战略中的重要部分，对环境经营战略的整体性、长远性、适应性都要进行全面的分析，并在具体目标、方针、行动措施中加以贯彻执行，使其有明确的、定量化的表现形式，以便于更好地探讨环境经营与企业可持续发展的相关性。

　　目前，随着可持续发展理念的深入和环境立国国策的推动，日本企业对环境经营的关注，已经从制造业向零售业、金融业等服务行业扩展；实施环境经营的主体也不仅仅是企业，还包括消费者、政府、大学及研究机构等社会各方面；环境管理、环境报告书、环境会计等正在全社会推行和普及，环境经营正在成为更多企业平常的经营活动。

---

〔1〕［日］廣崎淳："環境と経済を両立させる企業と社会のイノベーション"研究报告，2009。

第3章
环境经营战略选择

3.1　企业环境经营战略概述

3.1.1　环境问题的种类

环境问题因其产生原因和现状而具有多样性，见表3.1。

表3.1　产业公害和地球环境问题的比较

比较项目	产业公害（工业公害）	地球环境问题
因果关系	相对明确、比较单纯	不明确、复杂
污染源	特定的企业等	多数难以确定
污染者责任	特定的企业等	确定困难、社会整体
影响的空间规模	局部性地域、狭窄	全球规模、越境、广域
影响的时间规模	突发、急性	缓慢、延续几代人

比较项目	产业公害（工业公害）	地球环境问题
因果关系	相对明确、比较单纯	不明确、复杂
影响的强度	可见、表现强	不可见、逐步显现
对策	主要是技术	综合的、一揽子方案
主要的方法	工学、理学	跨学科
对策的主要主体	主要是企业（技术人员）	各种主体（政府、企业、市民、其他各类社会组织）
对策的时期、时机	事后处理	预防性措施
对策的期间	短期集中型	持续的努力
成果事例	多（尤其是发达国家）	几乎没有

资料来源：[日] 藤仓良：“环境控制系统工程特论”讲义资料（九州大学），1996 年；转引自 [日] 金原达夫等：《环境经营分析》，葛建华译，中国政法大学出版社 2011 年版，第 6 页。

根据产生原因、影响范围和程度等的不同，人们对环境问题的态度和治理方法也不同。

在表 3.1 中，如空气污染、海洋污染、臭氧层破坏等环境问题，其影响范围等已经超越了地区或国家的界限与管辖范围，具有区域性或全球性，因而也被称国际环境问题或者全球环境问题。由于自然生态系统因果关系的广域性和复杂性，这类环境影响的后果被人们直接觉察往往需要经历几个月、几年、几十年甚至更长时间；这类环境问题的产生也往往是由众多企业和个人的活动所产生的环境影响相互叠加而引起，很难界定其责任属于某个特定的个人或企业，因而需要超越国界，从全社会、全人类的角度来寻求解决对策。而由水质污染、土壤污染等所引起的水质恶化、死鱼、农作物枯死等现象，主要原因是企业排污所致，因而被称为产业公害（或工业公害），这类环境问题影响范围相对较小，所造成的环境后果较明显且容易较快觉察，受害者和污染责任者相对来说都比较容易确定。对这类问题的处理，主要由污染责任者即污染企业采取各种措施，进行事后处理，比如迅速开展末端治理等，目前末端治理已转向源头控制。从企业层面来看，企业经营活动所导致的环境问题可以归纳为三种形式：一是资源利用的低效率，致使污染物排放增加，如能源、资源的粗放使用，废弃物中尚包含一定比例还可利用的资源；二是"冒险利用资源"，这些风险包括对生产者自身的健康和安全的危害，也包括对自然环境的破坏和人为影响带来的生物物种的减少，如生产过程产生的粉尘废气对工人的影响、矿山开采不当对自然环境的破坏等；三是资源的非持续利用，如对资源尤其是不可再生资源的过度开发，导致资源枯竭等。[1]

对于不同的环境问题，解决的方法各不相同。而且，许多环境问题也不仅仅是依靠技术手段就可以解决的，而必须是包含技术手段在内的各种方法。因此，与之对应的环境经营战略也必然是多样的，企业使命、价值观和战略目标、相应的法律法规、社会及公众监督等，都是影响企业环境经营战略选择的要素。

3.1.2　企业开展环境经营的动机

从对企业环境经营实践的观察可以发现，一些企业主动开展环境经营，且企业环境标准高于国家或国际标准；一些企业按照国家或行业标准中规中矩开展环境经营，只求不违法；另

----

〔1〕　洪银兴主编：《可持续发展经济学》，商务印书馆2000年版。

一些企业则不开展环境经营，甚至对自身行为所造成的环境损害也视而不见。对此，我们不禁会问：什么是企业开展环境经营的动机？这也是研究环境经营战略的基础。拉格曼（Rugman）和韦贝克（Verbeke）[1]认为企业开展环境经营的动机主要表现为：遵守环境规制、制度驱动、利润及业绩驱动；叶强生等[2]认为对企业环境经营动机的研究主要源自两条路径：一是以制度理论为基础，以迪马吉奥和鲍威尔（DiMaggio & Powell）所提到的强制性同型为讨论的出发点[3]；二是企业如何通过环境经营来提高经济效益和环境表现，著名的波特假说即来源于此，很多学者为验证波特假说所进行的研究，丰富了这方面的内容。其中，关于环境经营与环境规制的研究较多。

　　一般认为，企业遵从环境规制是企业开展环境经营的动机之一，其主要原因有三个：一是如果不遵守环境规制会遭受政府处罚，增加了企业成本，比如上亿元的环境罚单，对哪个企业来说都不是可以置之不理的成本；二是由于违反环境规制会造成的公众舆论等，将对企业形象产生负面影响；三是提高组织内部满意度，如员工对工作环境和工作条件改善的要求等。

　　企业开展环境经营的另一个动机则是对提高经济效益的追求。传统经济学认为，企业对环境保护的投入，虽然能产生社会效益但也必然会增加企业成本，降低其市场竞争力。这种抵消关系也会对一国的经济发展带来负面影响，即过高的经济成本将妨碍企业生产力的增长，影响其国际竞争力。1990 年代，

　　[1] Rugman, A. M., A. Verbeke, "Corporate Strategies and Environmental Regulations: An Organizing Framework", *Strategic Management Journal*, 1998 (19), pp. 363 ~ 375.
　　[2] 叶强生、武亚军："转型经济中的企业环境战略动机：中国实证研究"，载《南开管理评论》2010 年第 3 期。
　　[3] 杨典："国家、资本市场与多元化战略在中国的兴衰——个新制度主义的公司战略解释框架"，载《社会科学研究》2011 年第 6 期。

被誉为竞争战略之父的迈克尔·波特（Michael Porte）开始研究企业的环境经营问题，并提出了捍卫环境的波特假说（Porterhypothesis）。该假说认为，企业将废弃物和有害物质、使用不充分的能源作为污染物向环境排放，是对资源的不完全的、非效率的、不经济的使用，是浪费，也增加了企业成本。[1]因此，企业可以通过创新和革新来提高资源的生产效率、改善对环境的影响，并以此来抵消成本，消除经济与环境的完全对立，实现环境效益和经济效益的双赢。波特的这一假说中实际上包含了两个相互依存的内容：一是导入适当的环境规制，可以刺激企业的环境经营投资，促进企业开发新技术、新产品；二是新技术或新产品的开发，可以带来成本降低和品质提高，从而形成企业竞争优势，进而为企业带来经济效益，企业还可因此获得先入者的市场优势。也就是说，严格的环境规制所引发的企业创新而产生的收益，可以抵消企业为此投入而增加的成本，可能产生净收益，使企业在市场（或国际市场）上更具竞争优势。1995 年，波特与范德林德（Class Van der Linde）进一步详细解释了环境保护经由创新而提升竞争力的过程，并对此假说进行完善。[2]波特的研究向传统新古典经济学关于环境保护问题的理论框架提出了挑战，也为人们重新认识环境保护与经济发展的关系提供了全新的视角。

对于波特假说，许多学者都采用实证方法进行了验证，主要结论有三种：一是传统观点得到部分证实，"波特假说"不成立，即环境规制导致产业绩效在一定程度上的下降；由于环境经营投资回报的滞后性和外部性，从当期的财务表现来看，环

---

〔1〕 Porter M. E., "America's Green Strategy", *Scientific American*, 1991（4）, p. 168.

〔2〕 Porter M. E., Linde C., "Toward a New Conception of the Environment – Competitiveness Relationship", *Journal of Economic Perspectives*, 1995, 9（4）, pp. 97～118.

境经营取得双赢的案例并不多，对股东产生大多是负的财务回报。[1]二是波特假说成立，环境规制对技术创新影响以及对产业绩效影响具有正相关效应，这类案例正在大量增加。三是环境规制对产业绩效具有不确定性影响，如我国学者王国印等对中东部地区企业环境经营进行了实证研究。[2]

一些研究者将制度理论用于对环境经营的研究中，认为制度驱动力也是企业开展环境经营的关键驱动力。[3]制度是一种行为规则，制度中的规则涉及社会、政治及经济行为，如政府及行业的环境规制就构成了制度要素的一部分，是企业实施环境经营的主要推动力。麦克斯维尔特（Maxwelltal）、塞格松（Segerson）和米塞利（Miceli）通过博弈论分析指出政府强制性的环境保护规则导致企业自愿采取环境保护措施，从而在与政府更为严格的环境规则博弈中抢到先机。[4]杨东宁、周长辉构建了制度因素驱动企业自愿申请通过非强制性的环保标准的概念模型，并通过实证分析得出了制度因素对企业环境行为具有较强驱动作用的研究结论。[5]而驱动企业环境经营的制度因素包括四个方面：一是法规驱动因素，如国家、部门和行业已经颁布的与环境保护和资源节约相关的各种法律、条例、标准以及政策要求等等，它们具有强制性，对企业来说是一种内在性威

〔1〕 Walley, N., Whitehead, B., "It's not Easy Being Green", *Harvard Business Review*, 1994, 72 (3), pp. 46~52.

〔2〕 王国印、王动：“波特假说、环境规制与企业技术创新——对中东部地区的比较分析”，载《中国软科学》2011 年第 1 期。

〔3〕 周曙东：“两型社会建设中企业环境行为的驱动力研究”，载《求索》2013 年第 5 期。

〔4〕 Maxwell et al, "Voluntary Environmental Investment and Regulatory Flexibility", *Working Paper*, Department of Business Economics and Public Policy, Kelly School of Business, Indian University, 1998.

〔5〕 杨东宁、周长辉：“企业自愿采用标准化环境管理体系的驱动力：理论框架及实证分析”，载《管理世界》2005 年第 2 期。

胁因素，企业必须遵守。二是环境监管驱动因素，如各相关法规的执法机构、社会相关部门以及境外相关单位依据法律、条例、标准对产品出口施行的监测、管理等，这类有法必究、执法必严的监管执行，与第一类因素相辅相成，驱动企业开展环境经营。三是参照、协同性驱动因素。这类因素包括上下游企业对相关产品和材料环保改善的影响力、竞争对手环境行为的影响以及上下游企业在环保方面的协同合作等因素。四是社会、行业以及利益相关者的规范性和网络性驱动因素。这类因素包括社会习惯、行业规范、社会心理的压力和影响。这类因素看似是软约束因素，但同样能发挥对环境行为的重要驱动作用。[1]

这些制度因素，对企业环境经营战略选择产生着主要影响。如日本松下电器公司的环境技术中心，在选址及建成后的经营过程中，都必须保证与所在社区居民的信息沟通，并保证达到所承诺的环境标准，如果有违反，社区及公众舆论都会干预，即使企业标准优于国家标准。同时，政府监管强化确实是企业考虑环境问题时最大的单一压力来源。

3.1.3　环境经营战略的类型

夏尔马认为环境经营战略是企业管理自身商业活动与自然环境界面的模式，是企业为减弱对环境的负面影响而遵守环境规制以及自愿采取应对措施而产生的一系列行动结果。在对环境经营战略的研究中，人们发现不同企业应对环境问题的态度并不相同，而政府的环境规制是企业实施环境经营战略与否的一个最基本的因素。因为环境具有公共产品的特征，若没有环

---

〔1〕　周曙东："两型社会建设中企业环境行为的驱动力研究"，载《求索》2013年第5期。

境规制作基础，很难想象企业会自觉地实施环境经营，[1]正如克里斯特曼和康斯坦茨所分别强调的，环境规制已成为企业必须考虑的一个重要因素；因为法律为企业的经营运作设置规则，企业在经营过程中必须依照和利用这种规则，甚至将法律规定的限制条件转变为企业创新发展的机遇。因此，许多研究者不约而同地将环境规制作为参照物来分析企业的环境经营战略选择，将环境规制纳入对企业环境行为的分析框架中，并对企业实施的环境经营战略所带来的企业绩效进行分析。在研究者的分析中，环境规制不仅仅表现为约束、边界，而是一个与绩效相关的、不能忽略的重要变量。研究还发现：在同样的变量（环境规制）条件下，不同的企业处理环境问题的积极程度并不一致，环境经营所进入的企业战略层次也存在差异，一些企业应对环境的行为是迫于对环境规制的被动、消极反应，而另外一些企业则是自愿、主动地预防环境问题发生，使企业活动对环境的负面影响降低至最小。

依据企业对环境规制所采取的不同行为，学者们对企业的环境经营战略进行了分类。如表 3.2 所示。

表 3.2 不同类型的环境经营战略

作者（年份）	环境经营战略分类
Hunt & Auster（1990）Roome（1992）	初始者、救火员、热心公民、实用主义者、前瞻者、不遵守、遵守、遵守＋、商业与自然环境绩效双优秀、领导优势
Hart（1995）	全面质量管理型、安全管理责任制型、持续发展型

---

[1] 张嫚："环境规制与企业行为间的关联机制研究"，载《财经问题研究》2005 年第 4 期。

续表

作者（年份）	环境经营战略分类
Sharma & Verdenburg (1998)	反应型环境战略、前瞻型环境战略
Henriques & Sadorsky (1999)	反应型战略、防御型战略、适应型战略、前瞻型战略
Buysse & Verbeke (2003)	被动应对型、污染防治型、环境主导型
Sharma & henriques (2005)	污染控制、生态效率、再循环、生态设计、生态系统管理、业务重新定义
Murillo‐Luna Gares‐Ayerbe & Rivwe‐Torres (2008)	被动反应、关注环境规制反应、关注利益相关者反应、全面环境质量反应

出处：笔者根据文献资料整理。

通常，鲁姆（Roome）的划分广为人们采用，他以企业是否遵守环境规制以及遵守的程度来界定环境经营战略的类型：第一类是"不遵守"，表示企业将环境规制视为负担，消极逃避环境问题，竭尽全力来逃避环境责任，甚至违反环境规制。第二类是"遵守"，表示企业环境经营的主要目标是满足环境规制的基本要求，如果没有政府的强制性要求，企业不会主动考虑环境计划的制订与实施，不会主动采取行动治理环境；企业处理环境问题也仅仅是对环境规制的一种被动反应，没有将应对环境问题视为建立企业竞争优势的一种途径。第三类是"遵守+"，表示企业不仅遵守环境规制，还积极、主动地进行环境经营，并期望从中获得竞争优势。第四类是"商业与自然环境绩效双优秀"，这种类型的企业认识到自身较严格的环境目标会使其免于被公众、环保集团等利益相关者起诉，减轻环境规制压力，因而将环境影响作为企业决策的影响因素；这类企业不仅遵守环境规制，还将环境管理和全面质量管理相结合，试图将规制压力转换成竞争优势，以获取较好的经济绩效与环境绩效。第五类是"领导优势"企业，通过前瞻型的环境经营战略来确立行业或市场中领导者地位、获得竞争优势。现实中，企业的环境经营战略并非一成不变，随着企业自身条件及政府规制与市场状况等外界条件的变化，如环境规制的严格程度、市场需求变化、企业规模变迁、产品环境性能改变可能带来的收益的可占性等因素，都可能使企业的环境经营战略向积极或消极的方面转变。[1]事实上，在环境规制日益完善和日益严格的今天，企业无视环境问题也能获得利益的情况已经越来越少。因为在日趋完善的市场体系中，法律或规则作为重要的决策变量之一，正在改变着企业决策要素集合中的变量构成，并对决策效益发生影响；管理决策的风险也不再仅仅是商业风险，与环境相关的规制风险也是企业经营活动必须考虑的。

3.2 环境经营战略与企业绩效

3.2.1 对波特假说的验证

企业开展环境经营如治理污染、开发环境友好产品等，能否收回投资？能否有效益？环境经营对企业来说是负担还是利润来源？尤其面临需求下降、劳动力成本上升等现实问题，环境经营是否又增加了企业负担，使其在竞争中处于不利地位？人们对波特假说的验证，实际上回答了上述问题。

---

〔1〕张嫚："环境规制与企业行为间的关联机制研究"，载《财经问题研究》2005 年第 4 期。

（1）企业环境经营与经济绩效呈现正相关。依照 TRI 规制，费尔德曼（Feldman）、索伊卡（Soyka）和阿米尔（Ameer）等在标准普尔 500 企业中挑选了 330 家企业，分析了其在 1980～1987、1988～1994 年间的有毒有害物质（TRI）排放量报告，分析所采用的环境指标是根据销售额调整后的年均 TRI 排放量和环境管理系统的评价等级，所采用的经济指标为该区间内这些企业在证券交易所的平均 β 值[1]，数据包括负债与资产比率变化、生产率变化等 9 个解释变量。研究结论显示：从统计学意义上讲，企业环境经营与经济效益之间显示出部分正相关性。[2]

哈特和阿胡加按照美国标准产业分类体系对标准普尔 500企业代码 5000 以下的 127 家企业进行了比较研究。[3]环境变量采用 1988～1989 年企业有害物质排放量的削减比例，经济变量则以 1989～1992 年的销售额利润率（ROS）、总资产利润率（ROA）和自有资本利润率（ROE）分别表示；同时，还选择了 R&D 的集约度、广告宣传费比例、资本集约度、负债比率和产业成长率等作为解释变量。分析结果显示：企业的环境污染预防活动与经济绩效呈现出正相关。

鲁索和福茨则选择了标准普尔 500 企业中的 243 家企业1989 年的环境等级评价作为环境指标，选取企业在 1991～1992

〔1〕 β 系数值，是显示相对于市场整体的个别投资组合所对应的风险的指标，其为 1或更大，意味着比市场平均值更大的风险（〔日〕金森久雄：经济辞典，东京：有斐阁 1998年版）。

〔2〕 Feldman S. J. , P. A. Soyka, and P. Ameer, *Does Improving a Firm's Environmental Management System and Environmental Performance Result in a Higher Stock Price?*, Fairfax：ICF Kaiser International, Inc, 1997.

〔3〕 Hart S. L. and G. Ahuja, "Does it pay to be green? An empirical examination of the relationship between emission reduction and firm performance", *Business Strategy and the Environment*, 1996, 5（1）, pp. 30～37.

年的资产总利润率（ROA）作为经济指标。结果显示，两者之间具有统计学意义上的正相关性；尤其在成长性行业中，这种相关性表现更强。

伯曼和裴（Bui）考察了空气质量规制对美国洛杉矶地区石油冶炼业生产率的影响。通过与其他没有受到环境规制地区的石油冶炼企业进行比较后发现，受规制的企业的全要素生产率在 1982～1992 年有较大的提高，而同期没有受规制企业的生产率是下降的，表明环境规制对生产率有正的影响。[1]多马日利茨基（Domazlicky）和韦伯（Weber）采用美国 1988～1993 年化工产业有关污染治理成本和生产率等数据，实证分析了环境规制对该产业生产率增长的影响。[2]结果显示，在环境规制下的 6 个化工产业每年的生产率增长在 2.4%～6.9%，没有证据表明环境规制必然导致产业生产率增长的下降。上述实证分析表明，环境规制并不必然导致产业绩效的下降，在一定的条件下，也可能成为提高产业绩效的诱因。

金原达夫等以日本 252 家中小企业和大企业为研究对象，[3]运用重回归方法研究了日本环境经营与企业经济绩效之间的相关性。所选取的三个经济指标分别为：总资产收益率（ROA）、销售额利润率（ROS）和销售额的增长率；环境效益指标采用的是销售额与 CO_2 之比。研究所选取的企业按主营业务内容来看，分布于食品饮料、一般机械制造、电器机械、运输机械、钢铁、金属、化学、橡胶、木材纸浆等多个行业。研究结果显

---

〔1〕　Berman E, Bui L T., "Environmental Regulation and Productivity: Evidence from Oil Refineries", *The Review of Economics and Statistic*, 2001, 88 (3), pp. 498～510.

〔2〕　Domazlicky B R, Weber W L., "Does Environmental Protection Lead to Slower Productivity Growth in the Chemical Industry", *Environmental and Resource Economics*, 2004 (28), pp. 301～324.

〔3〕　其中，员工人数不满 300 人的有 63 家，300 人以上到 1000 人的为 61 家，1000 人以上的为 128 家。

示：虽然环境经营与经济效益之间的相关性较弱，但变动趋势呈现出正向一致性。

（2）企业环境经营与经济绩效呈现负相关。同样，科纳（Konar）和卡恩（Cohen）对标准普尔 500 企业中产业分类代码 2000～3999 之列的 321 家企业 1988～1989 年间的数据进行了研究。[1]他们所采用的环境指标有两个：一是由销售额调整过的企业有害物质排放量，二是企业所遭遇的环境诉讼事件的件数。经济指标则采用 Tobin'q 和企业的无形资产价值（专利、商标、品牌、商号等），并将市场份额、产业集中度、销售额成长率（1987～1989 年）、广告宣传费、研究开发费、企业规模、进口商品在国内消费中所占比率（进口渗透度）等作为解释变量。其研究结论是：企业的环境经营与 Tobin'q 值之间，在统计学上存在相关性，但有害化学物质的排放与无形资产价值（经济指标）之间表现出负相关。

科德罗（Corderio）和萨尔基斯（Sarkis）以标准普尔 500 企业中产业分类码 2000～3999 之间的 523 家企业的有毒化学物质排出量报告为对象，研究了这些企业在 1993 年的经济表现和 1991～1992 年的环境表现。[2]环境指标是用 1991～1992 年的有毒化学物质排出量的变化，经济指标是用 1 年和 5 年间每股股票的收益率来预测，用依据销售额测定的企业规模和负债比率作为解释变量。分析结果显示，有毒化学物质排放量的变化与股票单价的利润增长率预测之间，在统计学意义上呈负相关性。

---

〔1〕Konar S. and M. A. Cohen, "Does the Market Value Environmental Performance?", *The Review of Economics and Statistics*, 2001, 83 (2), pp. 281～289.

〔2〕Corderio, J. J. and J. Sarkis, "Environmental Proactivism and Firm Performance: Evidence from Security Analyst Earnings Forecasts", *Business Strategy and the Environment*, 1997 (6), pp. 104～114.

　　格雷根据 1958～1980 年间美国 450 家制造企业的环境和健康安全规制对生产率水平和增长率的影响进行了实证研究，[1]发现规制导致产业生产率平均每年降低 0.57%。乔根森（Jorgenson）和威尔科克森（Wilcoxen）比较了 1973～1985 年之间有与没有环境规制的情况下的美国经济增长状况。[2]研究结果表明：环境规制导致 GNP 水平下降 2.59%，尤其在化工、石油、黑色金属以及纸浆和造纸企业等容易产生环境问题的行业，环境规制对经济绩效都表现出较大影响。巴贝拉（Barbera）和麦康奈尔（McConnell）考察了环境规制对 1960～1980 年美国化工、钢铁、有色金属、非金属矿物制品以及造纸等产业经济绩效的影响，发现这些行业因为污染治理投资生产率下降了 10%～30%。[3]这些实证研究结果表明，环境规制的确会导致产业绩效在一定程度上的下降，从而产生负面效应，尤其在传统行业中。这也使传统观点得到部分证实。[4]

　　因此，沃利（Wallwy）和怀特黑德（Whitehead）认为，环境保护必然增加企业利益的想法虽然很有魅力，但并不现实。[5]从经济学上考虑，企业为了可持续发展而实施环境经营所追加的环境投资，大部分股东都会认为这是对利润的冲减。所以，如果将环境经营作为企业的主要目标，为了应对环境规

　　[1] Gray W. B., "The Cost of Regulation: OSHA, EPA and the Productivity Slowdown", *American Economic Review*, 1987, 77 (5), pp. 998～1006.

　　[2] Jorgenson D. J., Wilcoxen P. J., "*Environmental Regulationand U. S Economic Growth*", *The RAND Journal of Economics*, 1990, 21 (2), pp. 313～340.

　　[3] Barbera A J, McConnel V. D., "The Impact of Environmental Regulations on Industry Productivity: Direct and Indirect effects", *Journal of Environmental Economics and Management*, 1990, 18 (1), pp. 50～65.

　　[4] 王国印、王动："波特假说、环境规制与企业技术创新——对中东部地区的比较分析"，载《中国软科学》2011 年第 1 期，第 100～112 页。

　　[5] Walley N. and B. Whitehead, "It's Not Easy Being Green", *Harvard Business Review*, 1994 (5～6), pp. 46～52.

制的要求而将环境问题所形成外部费用内部化，则股东价值将会下降并停留在最低点。拉格曼（Rugman）和韦贝克（Verbeke）提出了波特假说不具有普遍性的三个理由：其一，由于提高环境规制将促进企业开发技术和产品，或将技术专利权进行推广的假设并不现实，规制并没有能提高整体的环境效率。其二，波特假说对于拥有足够的市场权力、能够对国际性规制的变化施加重要影响力且有较大的国内市场份额的企业来说是有效的；比起母国的环境规制来说，小企业将更注重投资所在国的环境规制。其三，环境规制的实施过程中，效率低下的国内企业与国外企业竞争时，往往倾向于寻求政府保护。所以，环境规制并不一定就能带来企业技术发展、增强竞争优势。[1]

我国学者王国印等选取了中国中东部省份 1999～2007 年共 8 年的省际面板数据，研究环境规制这一因素对我国区域技术创新产出的影响。[2] 研究结果认为在较落后的中部地区，环境规制对企业技术创新存在着一定的负面影响，有些影响还带有不确定性。但从长远来看，严格而合理的环境规制对于激发企业的技术创新，提高企业的竞争力是具有一定作用的。研究指出：无论是东部还是中西部地区，只有不断提高环境规制强度和合理性，才会使技术创新兼顾经济目标和环境目标，消除技术进步非对称性，使科学技术既成为第一生产力，又成为第一环保力，最终走出"经济增长——环境恶化"的怪圈，实现经济与环境协调可持续发展。

尽管实证研究得出了不同的结论，但近年来由于环境规制

---

〔1〕 Rugman A. M. and A. Verbeke, "Corporate Strategies and Environmental Regulations: An Organizing Framework", *Strategic Management Journal*, 1998 (19), pp. 363～375.

〔2〕 王国印、王动："波特假说、环境规制与企业技术创新——对中东部地区的比较分析"，载《中国软科学》2011 年第 1 期。

的加强而推动企业开展环境经营并带来企业经济绩效增长的案
例正在大量增加，可持续发展、保护环境越来越成为全球共同
理念。企业的环境经营，不仅具有保护环境的重要意义，也对
企业开拓新领域、抢占新的经济增长制高点和提高核心竞争力
发挥着重要作用。

3.2.2　环境规制与环境经营战略选择

按照对经济主体行为的不同约束方式，环境规制主要分为
命令控制型环境规制（Command and Control，简称 CAC）和以
市场为基础的激励性环境规制（Market based Incentives，简称
MBI）。命令控制型环境规制指直接影响排污者的环境绩效的制
度措施，其具体手段是通过建立和实施法律或行政命令来规定
企业必须遵守的排污目标、标准和技术。这种规制模式的主要
特征是污染者几乎没有选择权，企业如果不遵守规制，将面临
通过法律或行政渠道所施行的处罚。[1]激励性环境规制通过经
济激励“命令”企业，使企业为了实现自身利润最大化而自觉
履行自身环境责任，我国目前主要是通过排污费（税）的方式
（庇古税）来进行经济激励，已展开排放权交易试点；同时，国
家环保总局（2008 年机构改革后变更为环境保护部）已在全国
推行企业环境行为评价，评判结果分为很好、好、一般、差、
很差五个等级，依次以绿色、蓝色、黄色、红色、黑色标示，
评价结果将被纳入社会信用体系建设。这些不断严格的环境规
制和日益严重的环境问题本身，都使我国企业的生存环境发生
了重大变化，企业的商业活动必然受制于这种变化。企业对待
环境规制从消极回避到积极应对的不同态度，也体现了现实中

---

〔1〕 OECD，*The Application Guide of Environmental Economic Instruments*，China：Environmental Science Press，1994，pp. 12～13.

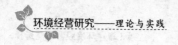

企业环境经营的真实状况。在对企业环境经营战略的研究中，越来越多的案例表明，潜在更大经营风险或赢利前景的，往往不一定是传统经济学中所提到的劳动、资本和土地，而与环境规制这一变量有很大关系，"环境资源＋环境规制"已成为企业在进行战略选择、整合要素时必须考虑的关键因素，将环境规制与企业其他经营要素一起作为影响企业绩效的重要变量来整合考虑，也决定着企业绩效的提升和可持续发展能力。

那么，每个企业在应对环境问题时，将实施怎样的环境经营战略？对于环境规制，企业是积极应对还是消极回避？不同的环境经营战略对企业绩效将会产生怎样的影响？学者们的研究和企业实践，为回答这些问题提供了依据。根据企业在环境上的行动是被动、消极反应，还是主动、积极防治，学者们对企业的环境经营战略进行了分类，如表 3.2 所示。在对已有文献和案例研究的基础上，本研究提炼出其中具有普遍意义的结构化问题，通过模型（图 3.1）来展示企业面对环境规制的环境经营战略选择及其对企业绩效的影响。在图 3.1 的二维坐标系中，纵坐标表示企业绩效，横坐标表示企业选择的环境经营战略在时间上延续，全图所展示的是环境经营战略与企业绩效在时间上的变化，重在体现环境规制对企业可持续发展的影响，体现环境规制之"法"与企业经营活动之"商"的关系。这里所提到的企业绩效均为长期绩效，即为基于平衡计分卡思想评价的企业在产品、市场、技术、人才等影响可持续发展的各方面的表现。

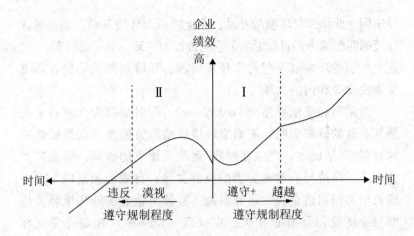

图 3.1　环境经营战略与企业绩效的分析模型

在图 3.1 的第 I 象限，遵守或超越环境规制的企业，往往是采取前瞻型（reactive/proactive）环境经营战略，积极、自愿地处理环境问题，并认为能够从环境经营中建立企业竞争优势。这类企业由于善于把握长期发展机遇且采用了适当的环境经营战略，最终将获得竞争优势。而在模型的第 II 象限，漠视或违反环境规制的企业，往往采用短期、末端管理的方式，消极执行或不执行环境规制。这类企业虽然短期内因减少了成本而获利，但为此可能付出环境事故发生所带来的环境损害的巨额赔偿或处罚等成本、环境评级下降带来的企业声誉损失以及由于技术落后而带来的资源使用效率低下等，这些都终将导致企业经营成本的增加，使企业绩效从盈利转为无可遏止地下滑，其产品也可能因为消费者环境意识的高涨而逐步丧失市场份额直至不得不退出市场。尤其是在产品环境标准日益提高和环境规制不断加强的今天，企业违反环境规制将面临更严厉的惩罚，企业规避或违反环境规制所付出的成本将进一步提高。陈春花在分析中国企业"短命"的原因时，指出其中的一个重要原因是中国企业缺少与环境的互动：企业能否与环境互动，是否具备环境的匹配能力是直接影响企业能否长久的又一个关键因素。[1]这里所说的环境就是包含了环境资源、环境规制及消费者环境意识变化等在内的大环境。

夏尔马和维里登堡（Vredenburg）[2]对加拿大九家石油天然气企业的研究表明，前瞻型环境战略能够使企业获得较低的原材料/产品成本；企业在过程/运营系统上的创新，能提高企业声誉，保持与利益相关者的良好关系；鲁索和福茨以243个成长型美国制造企业为研究对象，验证了企业实施环境经营战略与经济效益具有正相关；克拉森（Klassen）和麦克劳克林（McLaughlin）、贾奇和道格拉斯、克拉森和怀巴克、瓦格纳和斯恰特格尔（Schaltegger）同样得出实施积极的环境经营战略，企业将获得相应的财务回报、获得较高的企业绩效，因此，环境投资是一项有经济价值的投资。日本学者对松下集团、住友化学、索尼等1000多家企业的研究表明：随着环境经营的持续开展，企业有可能获得竞争优势，环境效益与经济绩效存在显著的正相关；因此，企业应从动态角度考虑相关的成本投入，将减少碳排放与企业资源、企业创新和企业竞争力相结合；环境经营将通过对竞争优势指标的动态作用来影响企业的长期绩效。[3]

正如波特研究所指出的，在不断变化的外部因素中，厂商实际上处于动态的竞争环境中，其生产投入组合与技术也必须不

---

〔1〕陈春花："企业缺失了什么？"，载 http：//www. chinavalue. net/Management/Article/2011－10－19/197586. html.

〔2〕Sharma S. and H. Vredennurg, "Proactive Corporate Environment Strategy and the Development of Competitively Valuable Organizational Capabilities", *Strategic Management Journal*, 1998（19），pp. 729～753.

〔3〕参见葛建华："环境规制、环境经营战略与企业绩效"，载《新视野》2013年第5期。

断变化，因此，我们必须以动态的、长远的观点来衡量企业环境经营战略对企业绩效的影响，而不是以传统的、静态的观点从短期利益出发来衡量环境经营战略对企业绩效的影响。在图3.1 的第 Ⅰ 象限，选择"遵守 +"和"前瞻型"环境经营战略的企业，因为改善环境行为会增加投入导致当期成本增加而影响绩效；而且，由于环境经营投入与收益客观存在的 1～2 年的滞后期，[1] 这都会表现为企业绩效有所下降；但从长期来看，如果企业在进行环境投资的同时进行技术改造、技术革新和管理创新等，其结果不仅会减少污染，同时也会达到改善产品质量与降低生产成本的目的。而且，对于超越环境规制、采取前瞻型环境经营战略的企业，先动优势往往使企业具有制定与企业能力相匹配的规则、规章和标准等的话语权，使企业可能创造新市场或进入新的细分市场，进而站在竞争制高点上，获得更多的市场机会，获得可持续发展带来的绩效增长，典型的事例是美国杜邦公司的成功转型。[2]

3.3　环境经营的制度建设

　　企业的一切行为无不受到所在社会的制度的影响，无不都鲜明地烙上了与其相关的制度的印记。这种影响同时来自于正式制度和非正式制度两方面：前者包括法律法规、政府政策等；

---

　　〔1〕 Lanjouw JO, Mody A. , "Innovation and the International Diffusion of Environmentally Responsive Technology", *Research Policy*, 1996, 25 (4), pp. 549～571.

　　〔2〕 在许多科学研究证明氯氟烃（CFCs）对臭氧层的破坏作用后，其发明者杜邦公司率先逐步停止使用 CFCs 并开发替代产品，并推出企业内部的温室气体减排计划。截止到2003 年，通过减少温室气体排放和节能措施，杜邦公司节约了超过 20 亿美元的开销。参见http://business. sohu. com/20060427/n243030164. shtml.

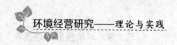

后者包括文化期待、社会规范、观念制度等方面。这里所讨论的与环境经营相关的制度建设主要是前者。

3.3.1 国际性的制度建设

国际性的制度建设主要是指国家或国家集团间就共同关注的问题进行磋商所达成的成文的或不成文的规则体系，用以规范国家对于某一特定问题或相互关联的多个问题所采取的行动。人们对环境问题的关注始于 20 世纪 50 年代至 60 年代，国际环境制度建设大致经历了四个发展阶段[1]，即现代环境主义形成的 20 世纪 70 年代，定义可持续发展的 20 世纪 80 年代，可持续发展战略和制度构建的 20 世纪 90 年代和新起点的 21 世纪。

1972 年 6 月 5 日，联合国在瑞典斯德哥尔摩召开"第一届人类环境大会"，为人类和国际环境保护事业树起了第一块里程碑。会议通过的《人类环境宣言》是人类历史上第一个保护环境的全球性国际文件，它标志着国际环境法的诞生。斯德哥尔摩会议后，各国纷纷制定环境法并设立负责环境政策的行政机构，为应对"温室效应"、"臭氧层破坏"等全球环境问题，国际合作开始加强，一些非政府组织如欧洲绿党开始步入政治舞台，人们越来越深刻地认识到全球环境问题的解决需要全球广泛的参与和共同努力，并将环境问题更好地纳入社会经济的决策框架之中。如 1996 年国际标准组织推出 ISO14001 质量认证体系，明确了对企业环境管理的具体要求；1997 年签署的国际气候公约《京都议定书》明确规定了发达国家减排温室气体的定量目标。进入 21 世纪，国际环境制度在改革中不断加强和完善，一系列重要的环境公约/协定出台，对加入国的环境行为提

---

〔1〕陈迎："国际环境制度的发展与改革"，载《世界政治与经济》2004 年第 4 期。

出要求并进行规范。表 3.3 是我国已加入的与环境问题有关的部分国际公约/协定。

表 3.3 我国已加入的与环境问题有关的国际公约/协定（部分）

序 号	名 称	主要关注	制定日及生效日
1	水俣公约	缔约国到 2020 年将禁止生产、进口和出口加汞产品，例如，部分电池，某些荧光灯，部分加汞医疗用品如温度计和血压计等。	2013 年 10 月 10 日在日本熊本市表决通过，有望于 2016 年生效。
2	联合国关于持久性有机污染物的斯德哥尔摩公约	削减和控制持久性有机污染物排放，改善大气、水、土壤环境质量，解决损害群众健康的突出环境问题，推动环境质量整体改善。[1]	2001 年 5 月 22 日在瑞典斯德哥尔摩通过；2004 年 5 月 17 日生效，同年 11 月 11 日在中国生效。
3	联合国关于在发生严重干旱和/或沙漠化的国家特别是在非洲防治沙漠化公约	严重干旱和/或荒漠化高度集中在发展中国家，尤其是最不发达国家，并注意到这些现象在非洲造成了特别悲惨的后果。	1994 年 6 月 7 日在巴黎通过；1996 年 12 月生效。

---

〔1〕持久性有机污染物（POPs）是指人类合成的能持久存在于环境中、通过食物链累积，并对人类健康和环境造成有害影响的化学物质。这些物质可造成人体内分泌系统紊乱，生殖和免疫系统受到破坏，并诱发癌症和神经性疾病。截至 2011 年 5 月，已经列入斯德哥尔摩公约受控物质清单的共有 22 种物质，其中包括滴滴涕、艾氏剂等 12 种首批受控物质和开蓬（十氯酮）、五氯苯、硫丹等 10 种新增受控物质。

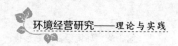

续表

序　号	名　　　称	主要关注	制定日及生效日
4	核安全公约 （国际原子能机构）	在核设施内建立和维持防止潜在辐射危害的有效防御措施，以保护个人、社会和环境免受来自此类设施的电离辐射的有害影响；防止带有放射后果的事故发生和一旦发生事故时减轻此种后果。	1994 年 6 月 17 日在维也纳通过；1996 年 7 月在中国生效。
5	国际热带木材协议 （国际热带木材组织）	使木材为发展中国家提供新的和额外的资源，让它们能够永续经营、养护和开发森林，途径包括植树造林、更新造林并与毁林及林地退化作斗争。	1994 年 1 月 26 日在日内瓦签订。
6	联合国生物多样性公约	强调生物多样性对进化和保护生物圈的生命维持系统的重要性，确认保护生物多样性是全人类共同关切的问题。	1992 年 6 月 5 日在巴西里约热内卢通过；中国于 1992 年 6 月 11 日签署。
7	作业场所安全使用化学品公约 （国际劳工组织）	保护和减轻工人受化学品和工作环境中空气污染、噪音和震动等的有害影响等。	1990 年 6 月 25 日在瑞士日内瓦通过；1994 年 10 月 27 日在中国审议通过。

序 号	名 称	主要关注	制定日及生效日
8	联合国海洋法公约	防止、减少和控制任何来源的海洋环境污染。	1982 年 12 月 10 日在牙买加蒙特哥湾通过；1994 年 11 月 16 日生效。
9	联合国关于特别是作为水禽栖息地的国际重要湿地公约（简称"湿地公约"或"拉姆萨公约"）	承认人类同其环境的相互依存关系；期望现在及将来阻止湿地被逐步侵蚀及丧失。	1971 年 2 月 2 日在伊朗拉姆萨通过，并经 1982 年 3 月 12 日议定书修正，1975 年 12 月 21 日生效。
10	联合国保护臭氧层维也纳公约	保护人类健康和环境使免受臭氧层变化所引起的不利影响。首次提出氟氯烃类物质作为被监控的化学品等。	1985 年 3 月在奥地利维也纳通过；中国于 1989 年 9 月 11 日加入。
11	联合国控制危险废料越境转移及其处置巴塞尔公约	意识到危险废物和其他废物及其越境转移对人类和环境可能造成的损害，铭记危险废物和其他废物的产生、其复杂性和越境转移的增长对人类健康和环境所造成的威胁日趋严重。	1989 年 3 月 22 日在瑞士巴塞尔通过；1992 年 5 月正式生效。1995 年 9 月 22 日在日内瓦通过了《巴塞尔公约》的修正案，中国于 1990 年 3 月 22 日在该公约上签字。

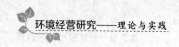
续表

序 号	名 称	主要关注	制定日及生效日
12	联合国气候变化框架公约	全面控制二氧化碳等温室气体排放，以应对全球气候变暖。	1992 年 6 月 4 日在巴西里约热内卢通过；1994 年 3 月 21 日生效。
13	防止倾倒废物及其他物质污染海洋公约（国际海事组织）	促进对海洋环境污染的一切来源进行有效的控制，并特别保证采取一切切实可行的步骤，防止因倾倒废物及其他物质污染海洋，因为这些物质可能危害人类健康，损害生物资源和海洋生物，破坏娱乐设施，或妨碍对海洋的其他合法利用。	1972 年 12 月 29 日签字生效；此后又进行了若干次修订

资料来源：作者根据环境保护部官网政策法规资料整理而成。

有关环境问题的国际性制度建设主要体现在各种国际性的公约中，也包括各种议定书或协议，所涉及的一般都是具有跨境的、全球性的环境问题，往往是经过多国多轮磋商后才达成的多边条约，缔约国必须遵守该公约规定的各项内容和对加入国的相关环境行为提出的建议、要求。表 3.3 列出了我国已加入的一些与环境问题有关的主要的国际公约，这也意味着我国必须履行加入这些公约时所作出的承诺。如 2014 年 12 月 9 日，我国代表在秘鲁首都利马的《联合国气候变化框架公约》第 20 轮缔约方会议（COP20）会上，承诺 2016～2020 年中国将把每年的二氧化碳排放量控制在 100 亿吨以下。随着我国加入《关于持久性有机污染物的斯德哥尔摩公约》，国家环境保护"十二五"规划将"到 2015 年，持久性有机污染物、危险化学品、危险废物等污染防治成效明显"确定为规划目标之一，以 POPs 污染防治推动化学品全过程、全生命周期风险防控管理模式的建立完善。

除了公约/协定等国际环境法律体系外，国际环境制度还包括：①国际环境组织与机构，如为组织协调国际环境事务而专门建立的国际组织和机构，如 UNEP、可持续发展委员会以及其他一些与环境事务相关的重要机构，如经济社会理事会（E-COSOC）、国际正义法庭（ICJ）及联合国大会等，为国际环境制度提供了组织和机构保障。②各类环境问题的国际论坛，如近年来每年都举行的世界气候大会等，为利益各方开展对话、辩论、磋商、谈判提供平台，也是国际环境制度的重要组成部分，是沟通、交流、宣传和教育的重要渠道，具有十分重要的影响力。③资金机制。为全球环境保护和可持续发展开辟融资渠道，如 1991 年创立的全球环境基金（GEF）由联合国环境规划署（UNEP）、联合国开发计划署（UNDP）和世界银行（WB）三方共同管理，主要用于生物多样性、臭氧层、气候变化和全球水资源四个领域的环境保护，是目前全球可持续发展重要的资金机制。④其他国际制度中与环境相关的规则或条款。如"WTO 马拉喀什协定"明确将可持续发展和环境保护确立为新的多边贸易体制的基本宗旨之一。目前，在 WTO 一系列具体协定中，如"技术性贸易壁垒协定"、"农业协定"、"实施卫生和植物检疫措施的协定"等，都包含与环境有关的条款。

无论是企业走出去，还是兑现我国政府对碳减排、有机污染物减排等国家目标的世界承诺，都必须依赖于包括企业在内的各种组织以及每个公民的合作，否则根本无法实现。因此，履行我国政府对相关环境问题的国际承诺，既是政府的义务，

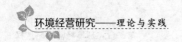

也是我国企业的义务。这些，都对企业开展环境经营提出了客观要求。

3.3.2 我国环境政策法规体系

3.3.2.1 我国环境保护政策法规的建设历程及特点

我国对环境问题的关注开始于20世纪70年代。1978年至今，我国颁布的有关环境保护的政策法规达100多项，从初期着重于工业污染治理、强化环境行政管理机构到完善各项环境法律法规、努力加强生产、流通和消费各个环节的环境管理，我国的环境政策法规越来越注重对社会经济生活中各个领域的环境保护，注重突出经济发展与环境保护的协调和"双赢"，注重为国家的总体发展战略和利益服务。

（1）20世纪70~80年代：制定了环境法，开始将环境保护问题纳入法制化轨道。在经历了建国初期的工业化发展后，我国政府就开始注意到环境问题的严重性，特别是1972年斯德哥尔摩联合国人类环境会议后，我国政府日益重视国内环境现状和全球环境问题。1973年，我国召开了第一次环境保护会议，并在1978年修订的新宪法中，第一次写入了环境保护的条款。1979年通过并颁布了《中华人民共和国环境保护法（试行）》，它对环境与资源保护方面的重大问题（如国家保护环境的方针、任务、原则、制度和措施）予以全面的原则性规定，体现了政府对待环境问题的基本政策，是其他单行环境法规的立法依据。1989年，在总结经验吸取教训的基础上，我国重新修订并正式颁布实施了《环境保护法》。环境保护法的制定，标志着中国的环境保护工作开始纳入法制化轨道。

（2）20世纪90年代：政策法规的内容，从注重工业污染的"末端控制"，向注重"源头控制"转变，并强调在生产、流通、消费的各个环节都应注重环境管理。这一时期颁布的政策法规，将大气、海洋、水、居民生活环境等都列入了环境保护对象，强调减少环境污染、保护自然生态环境，开始实行从"末端治理"向全过程控制转变，逐步与国际上通行的"可持续发展"理念接轨，学习和引进了国际上许多先进的环境保护理念和方法。1992 年提出了清洁生产理念，1994 年颁布了《中国21 世纪议程》并开始实行环境标志认证工作，1996 年正式引进了 ISO14001 环境管理体系标准。这些政策法规，明确指出废气、废水、废渣、粉尘、恶臭气体、放射性物质以及噪声、振动、电磁波辐射等物质，不仅仅产生于生产性企业，同样也产生于流通企业在商品运输、保管、销售及售后服务的整个过程中；强调生产和销售环境标志产品，是实施环境保护、贯彻可持续发展战略和发展循环经济的具体措施之一。

（3）2000 年至今：科学发展观的提出和循环经济战略的实施，强调经济发展与环境保护双赢，强调环境保护中的各个行业和公众的参与。这一时期，中国的环境政策强调通过产业结构调整、降低资源和能源消耗来加强环境保护，实现可持续发展；强调各产业部门和企业以及个人，都有义务在减少污染物排放、节约资源能源等方面做出努力，保护环境、推动循环经济发展；2003 年科学发展观的提出，2008 年《循环经济促进法》的制定，更是将可持续发展、循环经济置于国家战略的地位，体现了中国对待广义的环境问题的基本理念和政策框架。

2014 年修订的新环保法已于 2015 年 1 月 1 日起正式实施，新环保法被认为是一部"长牙齿"的法律，是一部能对民怨极大的污染现象打出硬拳头的法律，将承载人们对依法建设"美丽中国"的期待。

3.3.2.2 我国的环境法律法规体系

我国环境法律法规体系由宪法、环境保护基本法、环境保护单行法规、环境标准、环保行政法规和规章等五部分组成。

（1）环境保护基本法。在广义上又称为环境法，是调整因开发、利用、保护和改善人类环境而产生的社会关系的法律规范的总称。其目的是为了协调人类与环境的关系，保护人体健康，保障社会经济的持续发展。其内容主要包括两个方面：一是关于合理开发利用自然环境要素，防止环境破坏的法律规范；二是关于防治环境污染和其他公害，改善环境的法律规范。另外还包括防止自然灾害和减轻自然灾害对环境造成不良影响的法律规范。环境保护法基本除具有法律的一般特征外，还具有综合性、科学技术性、公益性、世界共同性、地区特殊性等特征。2014 年 4 月 24 日，我国十二届全国人大常委会第八次会议修订了《中华人民共和国环境保护法》，新的《环境保护法》已于 2015 年 1 月 1 日开始施行。这部中国环境领域的"基本法"特点鲜明：一是赋予环保当局更大执法权限。此前地方政府的环保部门即便发现企业违法排污，也不得不依赖公安机关进行查封，这可能会给违法企业提供销毁证据的时间；新环保法罕见地规定了行政拘留的处罚措施，对污染违法者将动用最严厉的行政处罚手段；对有弄虚作假行为的环境监测机构以及环境监测设备和防治污染设施维护、运营机构，规定承担连带责任。二是加大了处罚力度。违规企业将受到罚款处罚，被责令改正；拒不改正的，将按照原处罚数额按日连续处罚，上不封顶；领导干部虚报、谎报、瞒报污染情况，将会引咎辞职；面对重大的环境违法事件，地方政府分管领导、环保部门等监管部门主要负责人将"引咎辞职"。三是扩大环境公益诉讼主体，将提起环境公益诉讼的主体扩大到在设区的市级以上人民政府民政部门登记的相关社会组织。预计一些非政府组织将有望获得提起公益诉讼的资格。这三方面的加强，都彰显了政府加大力度解决我国在大气、水、土壤等污染方面存在的突出问题，为在经济发展新常态下促进经济社会可持续发展、建设美丽中国提供法治保障。

新的环保法也被称为我国史上最严格的环保法。2014 年 12 月 31 日，江苏省高院判处江中化工贸易公司、鑫源化工贸易公司法人及全慧化工贸易公司等 6 家公司因非法向如泰运河、古马干河倾倒废酸、污染河水而支付 2600 万美元（约合 1.6 亿元人民币）赔偿金。[1]这是迄今为止我国判赔额度最高的环保公益诉讼，表明政府正在践行将生态文明建设放在突出地位的新理念。

（2）环境保护单行法规。对环境保护活动的具体行为进行规制的环境法规。这些法规为保护社会生活、自然环境设定了有关各种经济活动的基准。如《水污染防治法》、《大气污染防治法》、《固体废弃物污染防治法》等。为了从根本上、全局上和发展的源头上注重环境影响、控制污染、保护生态环境，及时采取措施、减少后患。2002 年我国颁布了《环境影响评价法》，对规划和建设项目实施后可能造成的环境影响进行分析、预测和评估，提出预防或者减轻不良环境影响的对策和措施，进行跟踪监测的方法与制度。它最重要的意义在于找到了一种比较合理的环境管理机制，充分调动了社会各方面的力量，可以形成政府审批，环境保护行政主管部门统一监督管理，有关部门对规划产生的环境影响负责，公众参与，共同保护环境的新机制。此外，还有关于资源循环、再生利用的法律。如 1999

---

〔1〕 "重罚 1.6 亿元　新环保法彰显中国治污决心"，载 http://news.163.com/15/0102/13/AEV50FR200014AEE.html.

年颁布的《包装资源回收利用暂行管理办法》；2007 年颁布的《再生资源回收利用管理办法》；2009 年颁布的《废弃电器电子产品回收处理管理条例》，以及尚在制定中的《废旧物资再生利用法》、《废旧轮胎回收利用管理办法》、《废旧电池回收利用管理办法》等等，都强调了资源回收、再利用，从法律层面为企业开展环境经营提供了具体途径。

（3）各类环境保护标准。环境标准是我国环境法体系中的一个独立的、特殊的、重要的组成部分，与其他环境法律、法规相配合，在国家加强环境保护监督管理、控制污染源、改善环境等环境管理中起着重要作用。从分级上看，环境标准分为国家标准、地方标准和行业标准；从分类上看，环境标准分为环境质量标准、污染物排放标准、基础标准方法标准和样品标准，其中环境质量标准和污染物排放标准为强制性标准。

（4）环保行政法规是由国务院组织制定并批准公布的、为实施环境保护法律或规范环境监督管理制度及程序而颁布的条例和实施细则，如《水污染防治法实施细则》、《大气污染防治法实施细则》等。环保规章是由国务院有关部门为加强环境保护工作而颁布的环境保护规范性文件，如原建设部（现已撤销）颁布的《城市环境综合整治定量考核实施办法》等。

1996 年，我国一举关闭了几万家污染严重的工厂，这在历史上是从未有过的举动。1997 年，我国把"可持续发展"上升为国家发展战略。自 2002 年起，我国开始每年度发布《中华人民共和国可持续发展国家报告》，2014 年新修订的环保法强调每个人都是主体，都对环境污染有责任，环保问题要先从自身做起，同时也有与责任相适应的知情权、参与权和监督的权利；企事业单位和其他生产经营者违法排放污染物，受到罚款处罚，被责令改正，拒不改正的，依法作出处罚决定的行政机关可以自责令改正之日的次日起，按照原处罚数额按日连续处罚。这些都表明，我国正在改变以大量消耗资源为代价的粗放型经济增长理念和模式，全面推进经济、社会与人口、资源、环境的持续发展，企业必须把握国家战略的变化趋势，应时代而动寻求自身发展机会和经济增长点。

与上述法规相配合，我国的环境制度建设主要遵循以下指导原则：

（1）预防为主，防治结合。预防为主，避免或者减少经济发展过程中对环境的污染和破坏，防止环境污染的产生和蔓延，这是解决环境问题的最有效率的办法。其主要措施是把环境保护纳入国家和地方的中长期及年度国民经济和社会发展计划；对开发建设项目实行环境影响评价制度和"三同时"制度，即建设项目中防治污染的措施，必须与主体工程同时设计、同时施工、同时投产使用。防治污染的设施必须经原审批环境影响报告书的环保部门验收合格后，该建设项目方可投入生产或者使用。

（2）谁污染，谁治理。从环境经济学的角度看，环境是一种稀缺性资源，又是一种共有资源，为了避免"共有地悲剧"，必须由环境破坏者承担治理成本。这也是国际上通用的"污染者付费原则"的体现，即由污染者承担其污染的责任和费用。其主要措施有：对超过排放标准向大气、水体等排放污染物的企事业单位征收超标排污费，专门用于防治污染；对严重污染的企事业单位实行限期治理；结合企业技术改造防治工业污染。

（3）强化环境政策法规。由于交易成本的存在，经济外部性无法通过私人市场进行协调而得以解决，需要依靠政府的作用。环境污染就是一种典型的外部行为，需要政府介入，担当管制者和监督者的角色，与企业一起进行环境治理。强化环境

政策法规的主要目的就是通过强化政府和企业的环境治理责任，来控制和减少企业的外部行为带来的环境污染和破坏。其主要措施有：逐步建立和完善环境保护法规与标准体系，建立健全各级政府的环境保护机构及国家和地方监测网络；实行地方各级政府环境目标责任制；对重要城市实行环境综合整治定量考核。

环境政策法规建设尤其是环境制度的重要内容。叶强生和武亚军的研究表明[1]，遵守监管规定是目前中国企业开展环境经营的主要动机，私营企业相对国企较重视经济效益优化，国企则明显以遵从监管法规为主要出发点，较大型企业相对更重视环境经营。对于处于转型经济中的中国来说，进一步完善环境政策和环境管理法规，同时，对不同所有制的企业采取分类管理的政策，即对国有企业要通过引导采用最优实践或标准化环境技术改进环境绩效，而对私营企业则要在强化监管的同时采取经济激励的方法促进其改进环境绩效。这些研究，都表明了制定环境政策法规的重要性。

3.4 案例研究：前瞻型环境经营战略与竞争优势

传统经济学家普遍认为环境保护的机会成本太高，会对企业发展造成负面影响。那么，在选择前瞻型环境经营战略的企业，其竞争优势如何建立？其企业绩效又来自哪里？通过对皇明太阳能集团的案例研究，我们以本章所建立的"环境经营战略与企业绩效"模型（图3.1）来分析前瞻型环境经营战略如

---

[1] 叶强生、武亚军："转型经济中的企业环境战略动机：中国实证研究"，载《南开管理评论》2010年第3期。

何促进企业的竞争优势。

3.4.1　案例资料：皇明太阳能集团的创业之路

皇明太阳能集团创建于 1995 年，取其创始人黄鸣名字的谐音而得名。

1995 年，黄鸣从一本学术刊物上看到一个预测：石油储备将会在数十年之后用尽，人们将会失去能源。"如果能源都消耗完了，拿什么来保护自己的女儿？"看着还在襁褓中的女儿，黄鸣一遍又一遍地在心里问自己，最后的结论是：与其天天担忧，不如自己动手，研究如何开发太阳能绿色资源。就此，黄鸣放弃了稳定的工作，借债做起了太阳能热水器。当时我国整个太阳能行业不过 7 亿元左右的规模，人们对太阳能的了解就是"晒一盆热水"，皇明太阳能产品的年销售额也仅几百万元。

如何启动既节能又环保的太阳能产品市场？皇明开始大胆进行一系列创新。

首先，皇明通过普及太阳能知识来引导消费者。1997 年，皇明开始了"全国太阳能科普车队万里行活动"，通过深入消费者中间的科普教育让人们充分认识太阳能、认识传统能源可能枯竭和对环境的危害。这一做法，启迪了大众对太阳能、环境污染、能源危机的认识，可以称得上是中国较早的环保消费者教育。

其次，改进生产工艺，彻底改变产品形象。当时，太阳能热水器在我国还处于最初级的阶段，根本称不上是一个产业。人们从水暖店里买来几种加工粗放的配件，找人在房顶上安好即可。太阳能热水器在屋顶上常年风吹日晒雨淋，不久就会生锈且热水性能也逐渐下降，人们花几百元买的太阳能热水器，往往用两三年就报废成为一堆垃圾。与其说是节能，倒不如说

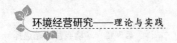

是资金的浪费，这也是当时太阳能热水器难以推广的重要原因。皇明从改变生产工艺入手，在产品质量、性能、外观等方面上进行彻底改进，以吸引消费者、扩大市场规模。为改变产品外观，皇明先后采用了喷塑、喷塑造光技术，最后又引进了弗丽特喷涂技术，让热水器的外观像汽车一样锃亮；为提高热水器的保温性能，皇明学习了冰箱的自动化技术，自主研发了发泡生产线；为确保产品质量，皇明对原材料进行严格控制，从日本、韩国进口的食品级不锈钢板，喷涂用的粉末则来自美国。

最后，不断升级销售终端，彻底改变太阳能热水器蜗居在水暖店的销售方式。从直营店、A级店、5S店，发展到今天的"黄金卖场"——哪里有商业中心，皇明就在哪里开店销售，展示产品形象。如今，皇明太阳能产品早已和其他高档家电一样，在苏宁、国美、欧倍德等大商场中成为白色家电的成员，年销售额已接近20亿，比企业成立之初的1995年翻了二十多倍。"就像微波炉就是格兰仕一样，在很多消费者眼里，太阳能热水器就是皇明"。

支撑上述创新的是皇明在太阳能技术方面的研发，皇明集团的自有技术比例达已到95%以上。多年来，皇明在太阳能一体化建筑、太阳能灯具、节能玻璃、太阳能高温发电、太阳能除湿、太阳能海水淡化、太阳能空调制冷等多个具有重大社会和经济意义领域积累的专利技术，都到了"一触即发"的收获阶段。这些技术的产品市场，任何一个都是与国家可持续发展战略相接轨、与节能环保相吻合的"朝阳市场"，前景广阔，也为整个行业带来了全新的格局与面貌。

随着太阳能市场的扩大，太阳能热水器市场鱼目混珠，硝烟迭起，大多数品牌竞相降价。虽然价廉物美是人们永恒的追求，但皇明认为，价廉物美有一定的限度，一味地进行价格战就意味着降低产品品质、性能、寿命、服务等的等级，是与行业发展为敌。基于这样的认识，皇明选择走"质量战"路线，引领行业从价格战转向标准战。为此，皇明砍掉了占总销售额70%的小规格产品，主推大规格产品，用技术和质量优势占据行业高端，如产品如何保温、防锈、抗风、避雷……随着一个个技术细节的落实到位，皇明也逐渐摸索出一套成熟的质量标准，建成了我国太阳能热水器最早的工业化生产体系，践行了皇明"对客户负责"的道德准则。

为了保证每种材料都合格，皇明对使用的阀门、钢材、塑料、橡胶、电线等每一种配件，都要进行最严格的检测，其范围覆盖到上游原材料、配件、产品主机和整机等各个层面，常规检测项目达到 300 多项，远远超过 15 项的国家标准，48 项的国际标准。如今，皇明检测中心已成为全球最庞大、检测内容最丰富、检测标准最严格、检测项目最全面、检测水平最高的太阳能产品检测中心。

在太阳能这样一个完全崭新的行业里，标准的缺失或者不全面，将引起整个行业的竞争混乱。为此，皇明积极倡导制定行业标准，规范企业行为，多次主持和参与了太阳能国家标准的制定工作，如《全玻璃真空太阳集热器》、《家用太阳能热水系统主要部件选材通用技术条件》、《民用建筑太阳能热水系统应用规范》、《太阳能集中热水系统选用与安装》等十几项部颁标准，这既规范了行业也巩固了皇明集团的市场地位。

太阳能对常规能源的巨大节约、对污染物排放的减少、不断崛起的巨大市场等，像蝴蝶效应一样产生着逐级放大的影响，促进了环保节能这一社会突出矛盾的解决，引起了政府和社会对可再生能源的高度关注。2003 年，黄鸣在参加全国人民代表大会时联合 56 名全国人大代表，提出了可再生能源法议案，该议案于 2005 年 2 月获得全国人大常委会高票通过，2006 年 1 月 1 日国家《可再生能源法》正式实施，奠定了我国缓解能源环境危机、实施对常规能源替代战略的法律基础。此后，《可再生能源发展"十一五"／"十二五"规划》、《节约能源法》、《关于调整环境标志产品政府采购清单的通知》、《民用建筑节能条例》、《中国应对气候变化的政策与行动白皮书》等与鼓励太阳能发展有关的政策法规频频出台，为太阳能大规模替代传统能源提供了有力支撑，皇明太阳能产品的市场前景也因此更加广阔。

目前，该集团的年销售额近 20 亿，是我国太阳能行业唯一同时获得"中国驰名商标"、"中国名牌"、"国家免检产品"的企业，是我国太阳能行业无可争议的第一品牌。在太阳能技术方面，皇明太阳能集团先后承担和参加了 4 项国家"863"项目、1 项国家"火炬计划"项目、1 项国家"双高一优"项目，企业拥有多项技术专利，在太阳能高温发电、采暖制冷、海水淡化、建筑节能、检测技术设备等方面，其技术已经达到国际领先水平。皇明拥有自主发明专利的太阳能光热核心技术产品——"四高太阳芯"，具有耐高温、抗高寒、高集热效率、高渗透率等优点，产品已先后出口到美、德、意等太阳能技术强国市场。

3.4.2　案例分析

（1）环保意识领先，获得来自市场的创新补偿。前瞻性的环境经营战略认为环境保护是重要的而且是具有积极意义的，它主动将环境价值纳入企业的经营活动中，在尽可能减少环境污染、降低环境成本的基础上实现最合理的利润，最终实现经济效益、社会效益和环境效益的统一。

20 世纪 90 年代，我国关于环境污染及可再生能源等方面的规制并没有现在严格。皇明集团加入太阳能产品市场，并不是基于环境规制的约束而是基于创业者对环境污染、资源枯竭带来的生存风险的认识。卡普兰（Kaplan）曾指出，企业领导者的管理认知对企业应对环境变化反应所采取的行为具有重要影响。[1]管理者环保意识领先，有利于企业将环境问题理解为机会，对环境资源和环境规制所产生的约束提前产生对应；企业也因此有时间将可能的威胁转化为机会，从而取得较好的业绩。[2]皇明集团创业者领先的环保节能意识所带动的一系列创新活动，成功拓展了中国的太阳能市场，做大了企业、做大了市场蛋糕。皇明也因此成为我国太阳能行业的领跑者，并在世界太阳能技术和产品市场上占有一席之地，成功地获得了来自市场的"创新补偿"，也使企业产品具有长久的市场生命力。

从案例中可以看到：企业遵纪守法，是企业取得合法性的必要条件；企业满足社会期望、获得社会认可，为企业的存在取得合理性，是企业存在的充分条件，也是企业获得竞争优势的关键。企业的竞争优势归根到底来源于企业的价值创造，这里的价值不仅包括为消费者提供合格的产品、为股东提供经济收益，也包括提供满足社会期望为企业利益相关者获得价值。

（2）市场先动优势，推动行业规制建设。行业领跑者的机会，不仅仅意味着市场份额，也意味着可能成为规则的制定者。首先，作为行业的率先进入者，先动企业不仅可以优先获得，或者排他性地获得一定的稀缺资源；还可以建立与企业能力匹

---

〔1〕［美］罗伯特·史蒂文·卡普兰：《哈佛商学院最受欢迎的领导课》，蔡惠妤译，中信出版社 2013 年版，序言。

〔2〕Sharma, S., Pablo, A. L., and Vredenburg, H., "Corporate Environmental Responsiveness Strategies: The Importance of Essue Interpretation and Organizational Context", *Journal of Applied Behavioral Science*, 1999, 35 (1), pp. 87～108.

配的规则、规章和标准，即为竞争者制定标准障碍，从而获得行业定位优势。其次，先动企业由于对行业的充分了解并参与了规则的制定，可以较早地实施环境战略使企业积累更高的学习效应，获得成本优势。最后，先动企业的先发优势将更容易预测政府将来的环境规制，并可以影响政府环境规制的制定，也使企业可以较早地采取相应的管理与技术措施，在竞争中更容易获得竞争优势。[1]皇明正是借助其在太阳能行业的先动优势，推进了太阳能产品的一系列标准和国家可再生能源法及相关规制的制定，使企业发展有了强大的制度保障。

在回应环境保护带来企业成本增加、导致业绩下降的传统观点时，波特指出应动态理解竞争优势，并提出了"创新补偿"理论和"先动优势"理论。现实中，皇明等很多企业的成功案例，从不同角度丰富和扩展了"创新补偿"和"先动优势"的内容：一方面，企业在规制、资源要素约束下的发展，需要从产品生产方法、工艺流程到市场营销、售后服务的全面创新，这些创新既要满足现实需求，更要唤起潜在需求、创造未来需求，尤其是在消费者环境意识尚不明确的市场条件下，企业对消费者环境意识的培养本身就发挥着创造市场的作用，企业也将在这一过程中获得来自市场认可的多方面的"创新补偿"，这种来自市场创新补偿比来自政府的补贴对企业主动采取环保措施、对企业的发展更有强大的激励作用。另一方面，作为环保的先行者，企业差异化产品的开发依赖于企业对消费者需求、产品技术发展方向的准确分析和把握，依赖于对宏观经济发展趋势的准确判断，这样才可能通过领先所带来的市场认可来吸

---

〔1〕 Christmann, P., "Effects of 'Best Practices' of Environmental Management on Cost Advantage: The Role of Complementary Assets", *Academy of Management Journal*, 2000, 43 (4), pp. 663~680.

收成本，真正获得"先动优势"。因为先动企业由于其理念与产品符合政策导向并满足了消费者日益高涨的环保意识，可以获得消费者、公众、当地社区和其他利益相关者的高度评价，企业声誉得到提高。而企业声誉的提高能够建立消费者的品牌偏好和忠诚，使企业获得更高的产品溢价，有利于保证较高的产品定价和毛利率，并获得较高的市场份额。[1]

价值链学说在波特竞争战略理论中占有地位，即产品采购、制造、物流、销售和技术开发、人力资源管理等在经营活动中构成环环相扣的价值链（Value Chain），它包括了企业全部的经营活动，是结合业务功能说明利润产生方法的重要模型，是研究企业价值创造的基础。正是基于价值链模型，波特提出：通过低成本、差别化企业可以获得竞争优势。如果环境经营战略与企业的价值链即利润创造模型相互关联，有关的环境技术和产品的独特性也必然能导致竞争优势。

叶强生、武亚军的研究认为：环境意识的缺乏、对短期业绩的重视以及仅仅遵守监管规定的心态，使得企业更易于追求在短期内实现利润最大化，从而缺乏制定长期的环境管理战略的动力。在转型经济中，短期利润驱动行为往往比社会目的或长期业绩表现更强烈；企业管理层通常是短期取向的，最基本的遵守监管规定也就成了他们开展环境管理的最重要的原因，而不是经济效应的优化。对前瞻性环境经营战略和皇明案例的研究，有助于促进企业了解环境经营战略如何带来经济效益，提高企业竞争力。

目前，前瞻型的环境经营战略与企业绩效正相关的案例，

---

〔1〕Christmann, P., "Effects of 'Best Practices' of Environmental Management on Cost Advantage: The Role of Complementary Assets", *Academy of Management Journal*, 2000, 43 (4), pp. 663~680.

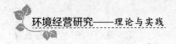
正在大量增加。马中东、陈莹[1]的研究也认为采取积极的环境经营战略的企业,会在产品、工艺的设计过程中就考虑污染防治,开展绿色设计;在生产过程中采用清洁生产工艺或遵循循环经济的 3R 原则,将资源减量化、废物资源化和无害化,大大降低了产品的环境负荷以及产品寿命终结时的处理成本。随着环境问题的日益严重和社会公众对环境质量越来越重视,政府在规制企业环境污染行为上的力度越来越大。前瞻型的环境经营战略不仅可以使企业规避法律风险,获得消费者的认可;还可以促使企业通过技术创新和管理创新获得成本优势,进而提高企业的环境绩效与市场竞争力。

---

〔1〕 马中东、陈莹:"环境规制、企业环境战略与企业竞争力分析",载《科技管理研究》2010 年第 7 期。

第4章
环境经营的实现途径

　　人类起源于自然。与人类生存相关的各种经济活动，都与自然环境紧密联系在一起。环境问题的出现和爆发，很多也是因为人类对资源开发、利用或配置不当而引起的。人类的各种生产经营活动中，对资源低效率的一次性使用，不仅造成资源浪费，也造成了污染物的大量排放；人口数量的自然增加与人的福利水平的单向刚性提升，又对资源需求提出了更多的要求。这种传统的线性增长模式，究其本质是经济结构、生产方式和消费模式问题，环境问题正是这种不合理的资源利用方式和经济增长模式的产物。因此，环境问题的解决，既需要指导经济活动和生活方式的原则、观念、思维方式的改变，更需要组织和个人的积极实践，只有通过各类组织和个人不懈的环境经营实践的积累，才可能解决环境问题。在这些实践中，既包括环境治理、资源能源节约、环境污染防治等许多具体的工艺和技术，也包括有助于管理决策的技术和方法，二者差别很大。本章将主要讨论与企业环境经营系统密切相关的、具有普适性的管理方法和措施，以帮助企业建立环境经营的基础体系。

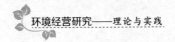

4.1 ISO14000环境管理体系

4.1.1 概述

如何将解决环境问题纳入企业经营活动中？如何在不同企业所面对的不同环境问题中找到具有共性的解决方法？这是环境经营的管理方法和措施需要解决的根本问题。20 世纪 90 年代以来，与环境经营相关的管理方法和措施有了很大发展，最重要的成果之一就是国际标准化组织所建立 ISO14000 环境管理体系。

国际标准化组织（International Organization for Standardization）简称 ISO，来自于希腊语单词 isos，意为"相同"，并不是英语或法语名称的缩写。ISO 是一个全球性的非政府组织，其组织机构中的最高权力机构为全体大会，下设理事会、中央秘书处、政策发展委员会、理事会常务委员会、技术管理局和特别咨询组，是世界上最大、最权威的非政府性标准化专门机构，成员来自 100 多个国家的国家标准化团体。国际标准化组织所涉及的标准对象非常广泛，从基础的零部件、多种原材料到半成品和成品，技术领域涉及信息技术、交通运输、农业、保健和环境保护等。目前，ISO 已经发布了 17 000 多个国际标准。

在可持续发展理念的推动下，国际标准化组织于 1993 年 6 月成立了 ISO/TC207 环境管理技术委员会，正式开展环境管理系列标准的制定工作，以规范企业和社会团体等所有组织的活动、产品和服务的环境行为，支持全球的环境保护工作。在汲取世界发达国家多年环境管理经验的基础上，国际标准化组织于

1996 年 9 月 1 日发布了 ISO14000 环境管理体系国际标准。[1]这是一个以改善环境绩效为目的非强制性环境管理标准，也是目前世界上最全面、最系统的环境管理国际化标准。

ISO14000 体系主要由环境方针、规划、实施和运行、检查和纠正措施、管理评审五大要素组成。每个大要素又可分成若干个小要素，构成建立环境管理体系的基本要求。其标准号从 14001~14100，共 100 个，统称为 ISO14000 系列标准，是顺应国际环境保护的发展，依据国际经济贸易发展的需要而制定的。ISO14000 体系主要由 ISO14001 环境管理体系、ISO14010 环境审核、ISO14020 环境标志、ISO14030 环境绩效评价、ISO14040 生命周期评估等构成。其中，用于认证的是 ISO14001 环境管理体系。

ISO14000 环境管理体系国际标准一经公布，就得到世界各国的积极响应，我国于 1997 年 4 月 1 日转化为国家标准并正式颁布实施。目前，ISO14000 认证已经成为我国企业打破国际绿色壁垒、进入国际市场尤其是发达国家市场的准入证；同时，也是企业优化成本管理、节能降耗、改善企业形象和提高竞争力的重要管理技术。

在 ISO14000 之外，环境会计、环境报告、环境效率、3R 等环境管理技术也快速发展。这些多种多样的管理技术和方法，为不同组织提供了实现环境经营实现的途径。图 4.1 简要说明了这些管理技术和方法的适应性与相互关系。

---

〔1〕 1992 年世界上第一个环境管理体系标准诞生于英国，即 BS7750，由企业自愿实施并可寻求认证。

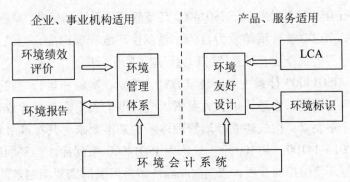

图 4.1　企业环境经营的管理技术与方法

资料来源：［日］国部克彦等：《环境经营会计》，中国政法大学出版社2014年版，第9页。

　　如图 4.1 所示，环境经营实施的具体管理技术和方法，实际上可以分为两个层面，即组织层面和具体的产品或服务层面。对于组织而言，需要做好环境负荷测定、评价和削减，环境负荷状况、环境行为及环境信息公开；而这些内容，又源于具体的产品或服务。二者之间，通过环境会计系统进行连接。

　　目前，很多企业在实施环境经营的过程中，都采取了不同的管理技术和方法，其结果对理论研究提供着重要支撑。如日本学者金子慎治和金原达夫对三井化学、住友化学、味之素、花王、资生堂等公司的经营数据，运用重回归方法研究了不同企业的环境经营项目对经济绩效的影响，如有害物质排放、环境管理等级等对企业股价、财务数据（利润、销售额）等的影响，发现企业规模是影响环境绩效和经济绩效之间关系的一个因素；大企业由于拥有较多的经营资源，可以通过实施环境经营先行构筑进入壁垒，进而建立竞争优势，获得先发优势[1]。

---

　　［1］［日］金子慎原、金原达夫：《環境经营の分析》，东京白桃书屋2005年版，第84～93页。

植田和弘、片山淳一郎等通过对日本汽车产业环境经营的数据分析，为环境经营创造企业竞争优势的研究结论提供了支撑。日本经济新闻社的"环境经营年度调查"也发现环境经营对企业股价和投资者行为产生着影响。

4.1.2　ISO14001 环境管理体系

4.1.2.1　ISO140001 的运行原理

ISO14001 环境管理体系是 ISO14000 系列标准中的主体标准，其基本运行原理如图 4.2 所示，它实际反映了"PDCA"循环在环境管理过程中的运用。正是通过评审和持续改善，企业的管理水平也随着环境经营的推进而不断提高。

图 4.2　ISO14001 环境管理体系的基本运行原理

根据 ISO14001 的定义，环境管理体系（Environmental Management System，EMS）是一个组织内全面管理体系的组成部分，它包括组织的环境方针、目标和指标等管理方面的内容，为组织制定、实施、实现、评审和保持环境方针提出了机构设置与职责、活动规划、实施惯例和程序、过程及资源等规范。其特点是以标准为基础实施管理，一般分为两个阶段：一是按照标准建立体系，二是根据标准来控制生产体系。因此，ISO14001环境管理体系一般分为：承诺与方针、规划、实施、监测与评价、评审与改进5个步骤，其核心目标是使一个机构的环境管理能力实现持续改进，不断提高。通常，通过ISO14000认证注册的企业之间的环境管理状况都存在着差别。由于这些企业的环境方针、目标等都由企业对外公开，所以不同企业的差别也是可见的、可比较的，这既为企业提供了改善的参照物，也施加了加强改善的压力。同时，为了保证体系的有效性和符合性，企业还必须建立起可见的、文本化的企业标准如环境手册、程序和作业指导书等体系文件，必须保留反映实际运行情况的环境记录等。管理体系的内部审核机制将及时侦测环境记录与企业制定的标准之间是否出现了差异，若存在差异则需要研讨是文件不合适、还是实际运行不符合，以便分别通过文件控制和检查与纠正措施消除差异，从而保证体系的适宜性和符合性，实现持续改进。

这一过程，实际是以企业管理的"戴明模式"（PDCA模式）为基础的，即由规划（Plan），实施（Do）、检查（Check）、改进（Act）等四个相互关联的环节构成一个完整的循环改进框架。

①规划，即策划阶段，旨在建立企业的总体目标以及制定实现目标的具体措施；②实施，即行动阶段，为实现企业目标而执行计划和采取措施；③检查，即评估阶段，旨在检查按照规划而执行的有效性和效率，并将结果与原规划目标进行比较；④评审和改进，即纠正调整阶段，由此识别规划和实施中的缺点和不足，以便修改规划使其适应已经变化的情况，必要时对

程序进行调整。

通过动态循环的管理过程，ISO14001 成功地运用"戴明模式"的持续改进思想来指导各类组织系统地实现环境目标。这不仅赋予了"戴明模式"新的内涵、拓展了其应用范围，也使环境经营与企业管理紧密融合。

4.1.2.2　ISO14001 的主要内容

ISO14001 标准包括五大原则，17 个要素。

五大原则：原则 1：承诺和方针，一个组织应制定环境方针并确保实现环境管理体系的承诺；原则 2：规划，一个组织应为实现其环境方针进行规划；原则 3：实施与运行，为了有效地实施，一个组织应提供为实现其环境方针、目标所需的能力和保障机制；原则 4：测量和评价，一个组织应测量、监控和评价其环境绩效，并不断进行检查评价，及时采取纠正措施；原则 5：评审和改进，一个组织应以改进总体环境绩效为目标，通过评审不断改进其环境管理体系。

根据以上原则，企业应将环境管理体系视为一个组织管理框架，对其进行不断监测和定期评审，以适应内外部因素的不断变化，这样才能有效引导组织的环境行动；组织中的每个成员都应承担相应的环境改进职责。

17 个要素即环境方针、环境因素、法律与其他要求、目标和指标、环境管理方案、机构和职责、培训、意识和能力、信息交流、环境管理体系文件、文件控制、运行控制、应急准备和响应、监视和测量、不符合纠正与预防措施、环境管理体系审核、管理评审。

每个企业的生产过程，既是产品的形成过程，也是资源的消耗过程。一部分资源转化为产品，一部分则变成污染物排入环境。资源转化率高，污染物排放量就少；反之，污染物排放量就多。因此，企业的环境管理与企业的计划管理、生产管理、技术管理、质量管理、销售管理、售后服务等各项专业管理一样，贯穿于企业管理活动的各个方面。其主要内容如下：

（1）环境计划管理。包括企业环境负荷改善计划的制订、执行和检查，其主要任务是控制污染物排放。企业应根据国家和地方政府规定的环境质量要求和企业生产发展目标，制订环境负荷改善目标和为实现指标所采取的技术措施等的年度计划和长期计划，并将这种计划纳入企业经营计划中。

（2）环境质量管理。根据国家和地方颁布的环境标准，企业应制定本各污染源的排放标准；组织污染源和环境质量状况的调查和评价；建立环境监测制度，对污染源进行监督；建立污染源档案，处理重大污染事故，并提出改进措施。

（3）环境技术管理。包括组织制定环境保护技术操作规程，提出产品标准和工艺标准的环境保护要求，发展无污染工艺和少污染工艺技术，开展综合利用，改革现有工艺和产品结构，减少污染物的排放等。

（4）环境保护设备管理。包括正确选择技术上先进、经济上合理的防治污染的设备，建立和健全环境保护设备管理制度和管理措施，使设备经常处于良好的技术状态，符合设计规定的技术经济指标。

从以上内容可以看出，ISO14001 实际上也是一个很好的管理工具，它涉及计划安排、工艺设计、生产调度、加工进程、设备运转等各个方面，可以帮助企业实现自身设定的环境表现水平，通过不断地改进环境行为，达到更新更佳的状态，是促进经济与环境协调发展的重要手段。我国企业，尤其是众多的中小型生产企业，长期以来管理水平低，操作粗放，能源、资源浪费严重。实施 ISO14000 系列标准，既可以促进企业提高规范化管理水平，也有利于形成预防为主的全过程环境管理模式，树立全员承担环境责任、从源头和过程开始治理环境问题的新观念。

因此，企业通过 ISO14001 环境管理体系认证，可以实现五大目的：

（1）节约能源资源，降低成本。通过建立和实施环境管理体系，可以有效地提高资源、能源的利用率，促进有效地利用原材料和回收利用废旧物资，减少污染物排放，减少各项环境费用（环境罚款、排污费、环境责任处罚等），不但获得环境效益，还可以获得显著的经济效益。

（2）有利于占领市场。目前许多国家明确规定企业应通过 ISO14001 认证，未通过认证的企业的产品，在国际竞争中将难以胜出。

（3）获得金融支持。通过 ISO14001 标准认证，可以减少由于污染事故或违反法律、法规所造成的环境风险，增加企业获得绿色信贷的机会，使企业走上可持续发展的道路。

（4）履行社会责任。保护人类赖以生存的环境是全社会的责任，每个企业都有责任为使环境负荷最小化而努力。通过 ISO14001 建立环境管理体系，可以使企业对环境保护和环境的内在价值有进一步的了解，增强企业在生产活动和服务中对环境保护的责任感，尽可能从源头开始减少环境负荷。

（5）提高企业管理水平。ISO14001 是一套完整的、操作性很强的体系标准，融合了世界上许多发达国家在环境管理方面的经验。作为一个有效的手段和方法，该标准要求在组织原有管理机制的基础上建立一个系统的管理机制，这个新的管理机制不但能帮助组织实现环境管理，而且还可以促进组织整体管理水平的提高。

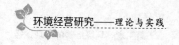

4.1.3 ISO14001 认证

1998 年，中国环境管理体系认证指导委员会发布了《环境管理体系认证暂行管理规定》。在规定中，明确了认证的目的是为加强环境管理体系认证工作，改善各类组织的环境管理，促进资源的合理利用，推进企业的清洁生产，减少污染物产生和排放，促进环境与经济可持续发展。

认证的内容是各类组织依据国际标准 ISO14001 建立的环境管理体系，由认可委员会认可的环境管理体系认证机构对其审核确认，并颁发认证证书。

环境管理体系认证遵循自愿申请的原则。已按 ISO14001 标准建立环境管理体系，实施运行至少 3 个月的企业均可向认证机构提出申请，认证证书的有效期限为 3 年。这种期限的设定，也可以刺激企业不断改善管理，而不是一劳永逸。

由于 ISO9001 标准与 ISO14001 标准有一定的兼容性，很多企业采取质量环境一体化认证，即 ISO9001 标准与 ISO14001 标准同时认证。企业实施质量环境一体化认证，有利于促进组织建立一体化的管理体系，可以减少这两个管理体系标准中相同内容的重复；可以避免管理系统的相互不协调甚至矛盾，使共同的要求能以一种共同的方式实施，保证管理体系的统一、有序，使管理体系发挥出"1+1>2"的效益；还可以显著减少审核资源的浪费，降低审核成本，减轻组织负担。

但是，ISO9001 标准与 ISO14001 标准也有重要的不同，并不能相互代替，见表4.1。

表 4.1　ISO9001：2000 标准与 ISO14001：1996 标准的不同点

	ISO9001：2000	ISO14001
适用对象	产　品	环境因素
目　的	稳定持续地提供满足顾客和适用法规要求的产品	污染预防、持续改进、以满足社会、相关方的要求
控制重点	产品实现过程	全部环境因素

随着经济全球化的发展，越来越多的企业也将实施全球化经济战略。企业的环境表现已成为全球化市场中政府、企业及其他组织采购产品选择服务时优先考虑的因素之一。一些大企业不仅自身实施 ISO14001 体系认证，还将通过 ISO14001 作为对其供应商的考核标准。

4.2　清洁生产

4.2.1　清洁生产的含义

清洁生产（Cleaner Production）是指将综合预防的环境保护策略持续应用于生产过程和产品中，以期减少对人类和环境的风险。

清洁生产是一种新的、创造性的思想，该思想将整体预防的环境战略持续应用于生产过程、产品和服务中。对生产过程，要求节约原材料和能源，淘汰有毒原材料，降低所有废弃物的数量和毒性；对产品，要求减少从原材料提炼到产品最终处置的全生命周期的不利影响；对服务，要求将环境因素纳入设计和所提供的服务中。因此，清洁生产是从根本上解决工业污染的

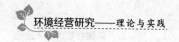

问题，即在污染前采取防止对策，而不是在污染后采取措施治理，将污染物消除在生产过程之中，实行工业生产全过程控制。

人类对生产过程中环境问题的处理可用图 4.3 来表示。它反映了人类环境对策从事后处理的单纯技术应对转变为事前预防、系统解决等理念与技术的共同进步。清洁生产，从本质上来说就是一种理念先进，促使社会经济效益、环境效益最优化的生产模式。它通过对生产过程和产品采取整体预防的环境策略，来减少或者消除其对人类及环境的可能危害，同时充分满足人类需要。

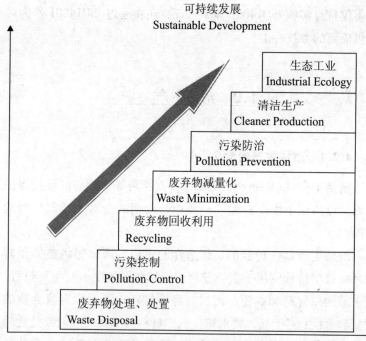

图 4.3　人类环境对策的演变过程

　　清洁生产起源于 1960 年美国化学行业的污染预防审计。而"清洁生产"概念的出现，最早可追溯到 1976 年。当年欧共体在巴黎举行了"无废工艺和无废生产国际研讨会"，会上提出"消除造成污染的根源"的思想；1979 年 4 月欧共体理事会宣布推行清洁生产政策；1984 年、1985 年、1987 年欧共体环境事务委员会三次拨款支持建立清洁生产示范工程；1989 年联合国环境规划署制定了《清洁生产计划》，在全世界推行清洁生产。在不同国家，清洁生产也被称为"废物减量化"、"无废工艺"、"污染预防"等。但其基本内涵是一致的，即对产品、产品的生产过程和产品后续服务等全过程采取预防污染的策略以减少污染物的产生。

　　清洁生产的具体措施包括：不断改进设计；使用清洁的能源和原料；采用先进的工艺技术与设备；改善管理；综合利用；从源头削减污染，提高资源利用效率；减少或者避免在生产、服务和产品使用过程中的污染物产生和排放。

　　清洁生产是实施可持续发展的重要手段，它改变了传统的不可持续的原料与能源消耗方法，鼓励企业使用可再生能源与物料，鼓励企业生产可持续使用的较低或较少环境负荷的产品。最重要的是，清洁生产鼓励企业以一种预防性原则进行工业生产，在生产的源头就避免使用有害物质，实现真正的环境保护。

　　清洁生产的观念主要强调了三个重点：①清洁能源。包括开发节能技术，尽可能开发利用再生能源以及合理利用常规能源。②清洁生产过程。包括尽可能不用或少用有毒有害原料和中间产品；对原材料和中间产品进行回收，改善管理、提高效率。③清洁产品。包括以不危害人体健康和生态环境为主导因素来考虑产品的制造过程以及使用之后的回收利用，减少原材

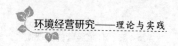

料和能源使用。清洁生产过程实际上包括了不同层次上的物料再循环、减少有毒有害原材料的使用量、削减废料及污染物的生成和排放以及节约能源、能源脱碳等要求，与循环经济的 3R 原则有相通之处。因此，清洁生产是循环经济的基石，循环经济是清洁生产的扩展。[1]

根据可持续发展对资源和环境的要求，清洁生产谋求达到两个目标：①通过资源的综合利用、短缺资源的替代利用和二次利用，以及节能、降耗、节水的措施来合理利用自然资源，减缓资源耗竭，达到自然资源和能源利用的最合理化；②减少废物和污染物的排放，促进工业产品的生产、消耗过程与环境相融，降低工业活动对人类和环境的风险，达到对人类和环境的危害最小化以及经济效益的最大化。

从本质上来看，清洁生产不只是一种工具或技术，而是一种应对污染问题的全新思路。它全方位看待地球上物质的流通方式，尝试从源头和生产链上每一个环节寻求减少污染、保护环境的方法；从原料来源、加工过程、产品设计及使用到废弃方式的每一个步骤，都是清洁生产所涉及的范围。

我国的生态脆弱性远在世界平均水平之下，但先污染、再治理的观念影响着许多地方环境问题的发生和解决。目前，我国人口趋向高峰、耕地减少、用水紧张、粮食缺口、能源短缺、大气污染加剧、矿产资源不足等不可持续因素所造成的压力正在进一步增加，在生存威胁日益严重的情况下，推行清洁生产和循环经济是克服我国可持续发展"瓶颈"的唯一选择。这不仅可以减少资源能源浪费，也可减少为治理污染而投放数额巨大但收效甚微的人力物力，如苏州河的治理就是一个深刻

---

〔1〕 郭显锋、张新力、方平：《清洁生产审核指南》，中国环境科学出版社 2007 年版，第 36~48 页。

教训。

苏州河沿岸是上海最初形成发展的中心。上海一百多年来的城市发展过程，与人们对苏州河的影响和支配紧密相连。在人口膨胀和工业化梦想的作用下，"秋风一起，丛苇萧疏，日落时洪澜回紫"的苏州河，渐渐变得污秽不堪，成为蚊蝇的滋生地，臭气熏天。为了还清于河水，上海市政府1998年就实施了总投资86.5亿元的苏州河一期工程，虽然已经初见成效，但要根本性地解决问题，还需要投资100多亿，可见"先污染、后治理"的投资之巨大、效果之甚微。

2003年1月1日起，我国开始实施《清洁生产促进法》（已被修订），该法对清洁生产的定义为：不断采取改进设计、使用清洁的能源和原料、采用先进的工艺技术与设备、改善管理、综合利用等措施，从源头削减污染，提高资源利用效率，减少或者避免生产、服务和产品使用过程中污染物的产生和排放，以减轻或者消除对人类健康和环境的危害。并要求在中国境内从事生产和服务活动的单位、从事相关管理活动的部门，依照该法规定，组织、实施清洁生产。

4.2.2 清洁生产的实施与推动

4.2.2.1 清洁生产工艺

清洁生产工艺是指在生产过程中，尽量不用有毒有害原料、选用低污染工艺和高效设备、减少生产过程污染物排放、对物料进行循环利用等的工艺技术。

（1）材料优化管理——采用无毒、无害的原料。材料优化管理是企业实施清洁生产的重要环节。企业实施清洁生产，在选择材料时就要关心其再使用与可循环性，实行合理的材料闭环流动，通过提高环境质量和减少成本来获得经济与环境收益。

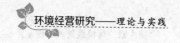
　　合理的材料闭环流动，主要包括原材料和产品回收处理过程的材料流动、产品使用过程的材料流动、产品制造过程的材料流动。产品制造过程的材料流动，是材料在整个制造系统中的流动过程，以及在此过程中产生的废弃物的回收处理形成的循环过程。清洁生产工艺就是要在材料消耗的每个环节里，将废弃物减量化、资源化和无害化；不仅要实现生产过程的无污染或不污染，而且生产出来的产品也没有污染。

　　比如，在纺织品加工方面，传统的印染工艺，使用强碱、氯化物、有害染料，难以生物降解的表面活性剂等，对生态环境及安全性产生很大影响。因而，以天然纤维棉为原料，利用生物法去除棉纤维中的杂质再经天然色素染色，不施加任何柔顺剂生产内衣等方法逐渐成为主流；将生物酶技术引入染整工艺，实施清洁生产，也成为纺织品染整技术中的一个热点。

　　（2）低污染工艺。减少生产过程对环境的污染。如制作陶瓷或复合材料，以往采用有机溶剂，对环境造成很大的危害。日本一些企业开发出了环境负载很小的水溶液系列工艺，不仅可在低温下制备陶瓷，而且该水溶液还能直接制成多种复合氧化物晶体膜。

　　（3）减少排放。目前，"零排放"概念正在普及，成为许多企业新的经营理念。瑞士汽巴嘉基公司在酰胺合成工艺中采用新技术，在生产中不仅不排出废水，而且除了得到酰胺产品外，还得到高纯度的乙酸供循环使用，该生产工艺的改进，使得废物产生量约减少75%～80%。再比如，在奶制品厂在加工过程中，大约有10%的牛奶损失和废水排放，不仅造成废水中有机污染物浓度增高，而且这类废水易腐化发酵，排入水体容易使水体富营养化，引起藻类大量繁殖而消耗水中的溶解氧，危害水生动物的生存并使水质恶化。清洁生产的目标，就是要从生产工艺中找到最大限度地减少牛奶（原料）损失和减少废水排放的方案或措施，包括对废水治理后排放。

（4）物料循环利用。清洁的生产过程要求企业采用少废、无废的生产工艺技术和高效生产设备；尽量少用、不用有毒有害的原料；减少生产过程中的各种危险因素和有毒有害的中间产品；使用简便、可靠的操作和控制。如建立良好的卫生规范（GMP）、卫生标准操作程序（SSOP）和危害分析与关键控制点（HACCP）、建立全面质量管理系统（TQMS）、建立物料再循环体系等等，以实现清洁、高效的利用和生产。例如，在一座啤酒制造厂里，麦芽渣滓被制成饲料，剩余酵母成为上好的食品作料、健康食品及化妆品原料，废水污泥可制造肥料和铺路材料，啤酒瓶或罐能用作玻璃原料或炼铁、炼铝原料，废纸箱、纸袋等是优质的造纸原料，废塑料可成为高炉炼铁原料……22 种废弃物的再资源化利用率达到 99.4%，总重量在 24.5 万吨以上。

4.2.2.2　清洁生产审计

也称清洁生产审核，是审计人员按照一定的程序，对正在运行的生产过程进行系统分析和评价的过程；也是审计人员通过对企业的具体生产工艺、设备和操作的诊断，找出能耗高、物耗高、污染重的原因，掌握废物的种类、数量以及生产原因的详尽资料，提出减少有毒和有害物料的使用、产生以及废物产生的备选方案，经过对备选方案的技术经济及环境可行性分析，选定可供实施的清洁生产方案的分析、评估过程。

2004 年 10 月 1 日我国开始正式实施《清洁生产审核暂行办法》原国家环保局（现变更为环境保护部）在参照联合国和其他国家提出的清洁生产审计程序的基础上，提出了适我国国

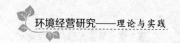

情的企业清洁生产审计工作。整个审计过程，可分解为具有可操作性的 6 个步骤或阶段，即筹划和组织、预评估、评估、实施方案筛选、方案的可行性评价、编写清洁生产审核报告。

4.2.2.2.1　筹划和组织

筹划和组织是企业进行清洁生产审计工作的第一个阶段。目的是通过宣传教育使企业的领导和职工对清洁生产有一个初步的、比较正确的认识，消除思想上和观念上的障碍；了解企业清洁生产审计的工作内容、要求及其工作程序；了解清洁生产审计可能给企业带来的巨大好处，如经济效益、环境效益、无形资产的提高和推动技术进步等。本阶段工作的重点是取得企业高层领导的支持和参与，组建清洁生产审计小组，制定审计工作计划和宣传清洁生产思想。

4.2.2.2.2　预评估

预评估是清洁生产审计的第二阶段，目的是对企业全貌进行调查分析，分析和发现清洁生产的潜力和机会，从而确定本轮审计的重点。这一阶段的工作重点是从生产全过程出发，对企业现状进行调研和考察，了解企业污染现状和产生污染的重点环节，通过定性比较或定量分析，确定出审计重点。主要工作内容如下：

（1）了解情况。了解企业的生产状况、企业主要原辅料、主要产品、能源及用水情况，并以表格形式列出消耗情况，具体到主要车间或分厂；了解企业的主要工艺流程，以框图表示主要工艺流程，标出主要原辅料、水、能源及废弃物的流入、流出和去向；了解企业设备水平及维护状况，如完好率，泄漏率等；了解企业环境保护状况，如主要污染源及其排放情况，包括状态、数量、毒性等。了解主要污染源的治理现状，包括处理方法、效果、问题及单位废弃物的年处理费等；了解三废的循环/综合利用情况，包括方法、效果、效益以及存在问题；了解企业涉及的有关环保法规与要求，如排污许可证、区域总量控制及行业排放标准等。

（2）现场考察。对整个生产过程进行实际考察，即从原料开始，逐一考察原料库、生产车间、成品库、直到三废处理设施；重点考察各产污排污环节，水耗和（或）能耗大的环节，设备事故多发的环节或部位；实际生产管理状况，如岗位责任制执行情况，工人技术水平及实际操作状况，车间技术人员及工人的清洁生产意识等。

现场考察方法有核查分析有关设计资料和图纸，工艺流程图及其说明，物料衡算、能（热）量衡算的情况，设备与管线的选型与布置等；另外，还可查阅岗位记录、生产报表（月平均及年平均统计报表）、原料及成品库存记录、废弃物报表、监测报表等。并可与工人和工程技术人员座谈，了解并核查实际的生产与排污情况，听取意见和建议，发现关键问题和部位，同时，征集无/低费方案。

（3）评价产污排污状况。产污排污即污染产生和污染排放状况。该环节是在对比分析国内外同类企业产污排污状况的基础上，对本企业的污染产生原因进行初步分析，并评价执行环保法规的情况。同时，调查汇总企业目前实际的污染产生和排放状况，对相关理论值与实际状况之间的差距进行初步分析，并评价在现状条件下企业的产污排污状况是否合理；评价企业环保执法状况，评价企业执行国家及当地环保法规及行业排放标准的情况，包括达标情况、缴纳排污费及处罚情况等，作出评价结论。

（4）确定审计重点。通过前面三步的工作已基本明确了企业现存的环境问题及薄弱环节，即可从中确定出本轮审计的重

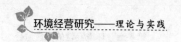

点。审计重点的确定，应结合企业的实际综合考虑。

（5）设置清洁生产目标。设置定量化的硬性指标，才能使清洁生产真正落实，并能据此检验与考核，达到通过清洁生产预防污染的目的。

清洁生产目标是针对审计重点的、定量化、可操作、并有激励作用的指标，该目标不仅要求有减污、降耗或节能的绝对量，还要有相对量指标，并与现状对照。这种目标具有时限性，分为近期和远期，近期一般是指到本轮审计基本结束并完成审计报告时为止。

表4.2　某化工厂 X 车间的清洁生产目标一览表

序号	项　目	现　状	近期目标（2010 年底）		远期目标（2015 年）	
			绝对量（t/a）	相对量（%）	绝对量（t/a）	相对量（%）
1	多元醇 A 得率	68%	-	增加 1.8	-	增加 3.2
2	废水排放量	150 000（t/a）	削减 30 000	削减 20	削减 60 000	削减 40
3	COD 排放量	1200（t/a）	削减 250	削减 20.8	削减 600	削减 50
4	固体废物排放量	80（t/a）	削减 20	削减 25	削减 80	削减 100

4.2.2.2.3　评估

通过对生产和服务过程的投入产出进行分析，建立物料平衡、水平衡、资源平衡以及污染因子平衡，找出物料流失、资源浪费环节和污染物产生的原因。

4.2.2.2.4　实施方案的筛选

对物料流失、资源浪费、污染物产生和排放进行分析，提出清洁生产实施方案，并进行方案的初步筛选；对初步筛选的清洁生产方案进行技术、经济和环境可行性分析，确定企业拟实施的清洁生产方案。一般来说，容易在短期（如审计期间）见效的措施，称为无/低费方案；投资额在 5 万以上的方案，称为中/高费清洁生产方案。

4.2.2.2.5　方案可行性评价

对初步筛选的清洁生产方案进行技术、经济和环境可行性分析，确定企业拟实施的清洁生产方案。

4.2.2.2.6　编写清洁生产审核报告

清洁生产审核报告应当包括企业基本情况、清洁生产审核过程和结果、清洁生产方案汇总和效益预测分析、清洁生产方案实施计划等。

4.2.3　清洁生产的经济效益评价

4.2.3.1　经济效益的表现指标

清洁生产既有直接的经济效益也有间接的经济效益，企业应完善清洁生产经济效益的统计方法，独立建账，并按明细分类。

清洁生产的经济效益形式表现多样，有的是直接的，有的是间接的。如图 4.4 所示。

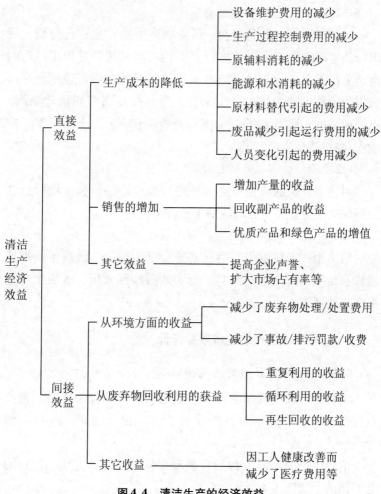

图4.4 清洁生产的经济效益

4.2.3.2 经济效益评估准则

（1）投资偿还期（N）应小于定额投资偿还期（视项目不同而定）。定额投资偿还期一般由各个工业部门结合企业生产特点，在总结过去经验统计资料基础上统一确定的回收期限，有的是根据贷款条件而定。一般中费项目 $N < 2 \sim 3$ 年、较高费项目 $N < 5$ 年、高费项目 $N < 10$ 年，投资偿还期小于定额偿还期的项目投资方案一般是可接受的。

（2）净现值为正值：$NPV \geqslant 0$。当项目的净现值大于或等于零时（即为正值）则认为此项目投资可行；如净现值为负值，就说明该项目投资收益率低于贴现率，则应放弃此项目投资；在两个以上投资方案进行选择时，则应选择净现值为最大的方案。

（3）净现值率最大。在比较两个以上投资方案时，不仅要考虑项目的净现值大小，而且要求选择净现值率为最大的方案。

（4）内部收益率（IRR）应大于基准收益率或银行贷款利率：$IRR \geqslant i0$。内部收益率（IRR）是项目投资的最高盈利率，也是项目投资所能支付贷款的最高临界利率，如果贷款利率高于内部收益率，则清洁生产投资就会造成亏损。因此，内部收益率反映了实际投资效益，可用以确定能接受投资方案的最低条件。

4.3 绿色采购

4.3.1 理解绿色采购

绿色采购是指企业在采购政策的制定和实施中，将所采购物品在生产过程中的环境影响纳入考虑因素，尽量购入环境负荷小的原料或产品。

从广义上讲，绿色采购包括两个层面，即企业层面和消费者层面。

企业层面是指企业在购入生产资料时，选择采购环境负荷小的零部件、原材料，或用环境负荷小的方法生产零部件、原材料。绿色采购要求不仅应中止环境负荷显著的化学物质在零部件及产品中的含量，还应要求供应商在制造过程中不使用这类化学物质，并提供制造过程中所使用的化学物质的明细清单，这就要求企业做好相关信息管理和信息披露。比如：①对所有的产品都要实施信息管理；②一种产品有多种零部件或材料制成时，要确认所有化学物质的含量；③供应商多、在国外分布广的情况下，要对所有产品生产及化学物质的信息进行管理。因为如果不从生产阶段确认产品的化学成分，就难以确定废弃物的分类和削减环境负荷的方法，就无法实施环境负荷的削减。欧盟根据《关于限制在电子电器设备中使用某些有害成分的指令》（Restriction of Hazardous Substances，RoHS）标准，从 2006年起，禁止在电器电子产品中使用铅、汞、镉、六价铬、多溴联苯和多溴联苯醚等共 6 种物质，并重点规定了铅的含量不能超过 0.1%。对应于此，企业在焊接材料、电镀、锡化合物、颜料、防霉剂、阻燃剂等方面都应采取相应的措施。

绿色采购的第二个层面是指消费者在购入生活资料时，尽可能地倾向于购入环境负荷小的商品，政府采购在购入公用车、办公用纸时，应率先考虑电动汽车、再生纸、低耗能电器等，有环保意识、采购环保商品的消费者也被称为"绿色消费者"。

2014 年 12 月，我国商务部、环境保护部、工业和信息化部联合发布了《企业绿色采购指南（试行）》，强调制定指南的目的是为进一步推进资源节约型和环境友好型社会建设，引导和促进企业积极履行环境保护责任，建立绿色供应链，实现绿色、低碳和循环发展。该指南将绿色采购定义为企业在采购活动中，推广绿色低碳理念，充分考虑环境保护、资源节约、安全健康、循环低碳和回收促进，优先采购和使用节能、节水、节材等有利于环境保护的原材料、产品和服务的行为。

绿色采购，要求企业的上游供应商提供相关绿色产品信息。

日本理光集团从 2002 年开始就对购入的原材料、零部件等，要求供应商提供保证不含禁止使用的化学物质的"不使用禁止使用化学物质的证明书"。从 2003 年 7 月起，丰田汽车开始对汽车零部件、材料的供应商，提出了"采购指南"，要求供应商加强对环境负荷物质的管理。其要求的内容中，一是提交应更换的问题零部件的更换证明；二是提交不含有欧洲 ELV 指令中规定物质的承诺书；三是制作企业所生产的零部件所含化学成分的数据库。

由此不难看出，通过绿色采购，环保要求从一个企业沿供应链延伸，使整个供应链实现"绿化"，使环境经营活动更深入、更彻底，从而形成绿色供应链。我国《企业绿色采购指南（试行）》中将绿色供应链定义为将环境保护和资源节约的理念贯穿于企业从产品设计到原材料采购、生产、运输、储存、销售、使用和报废处理的全过程，形成企业的经济活动与环境保护相协调的上下游供应关系。

4.3.2 绿色采购与环境标志

绿色采购涉及中间消费和最终消费，既包括对初级原材料的采购，也包括对中间产品、最终产品的采购。为了帮助人们辨别哪些原材料或产品具有"绿色"特性，世界通行的环境标志制度发挥着重要作用。环境标志是一种产品的证明性商标，它表明该产品不仅质量合格，而且在生产、使用和处理处置过程中符合环境保护要求，对生态环境和人类健康均无损害；环境标志产品与同类产品相比，具有低毒少害、节约资源等环境优势。通过环境标志管理，政府可以引导消费者的选择和市场竞争，进而引导企业自觉采用清洁工艺，生产对环境有益的产品，形成改善环境质量的规模效应；或者引导企业转型升级，放弃生产

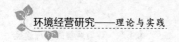

危害环境的产品，最终达到环境保护与经济协调发展的目的。

各国的环境标志都不同，名称也不一样。有的国家将环境标志称为生态标签、蓝色天使、环境选择等，国际标准化组织将其称为环境标志。1978年，德国首先实施了环境标志，至今他们已对100多类4000多种产品颁发了环境标志。目前国际上已有欧洲、美国、加拿大、日本以及我国的台湾地区等30多个国家和地区实施了环境标志，环境标志在全球范围内已成为防止贸易壁垒、推动公众参与的有力工具；也是帮助客户识别绿色产品，以市场化力量促进污染防治、节约资源能源、保护环境的重要手段。

我国的环境标志图形由中心的青山、绿水、太阳及周围的十个环组成，见图4.5。图形的中心结构表示人类赖以生存的环境，外围的十个环紧密结合，环环紧扣，表示公众参与，共同保护环境；同时十个环的"环"字与环境的"环"同字，其寓意为"全民联系起来，共同保护人类赖以生存的环境"。作为一种证明性的官方标志，获准使用该标志的产品不仅质量合格，而且在生产、使用和处理处置过程中符合环境保护要求，与同类产品相比，具有低毒少害，节约资源等环境优势。正是由于这种证明性标志，使得消费者易于了解哪些产品有益于环境，并对自身健康无害，便于消费者进行绿色选购。

中国　　　　德国　　　　日本

图4.5　一些国家的官方环境标志

我国环境标志的认证方式、程序等均按 ISO14020 系列标准规定的原则和程序实施，与各国环境标志计划做法相一致，与国际"生态标志"技术发展保持同步。实施国际履约类产品的环境标志认证，是我国企业产品进入国际市场的重要工作，也应成为企业环境经营的内容之一。如 1989 年 9 月 11 日我国政府就签订了《保护臭氧层国际公约》，为保证能如期履约，环境标志开展了许多相关种类产品的认证，以此促进我国各行业 CFCs 替代技术的进步。

除 I 型环境标志（ISO14024，1999）外，我国还有 II 型环境标志（ISO14021，1999）和 III 型环境标志（ISO14025，2000）。

II 型环境标志是指企业可根据自身的产品特点，在 12 个方面（可堆肥、可降解、可拆解设计、延长产品寿命、使用回收能量、可再循环、再循环含量、节能、节约资源、节水、可重复使用和充装、减少废物量）选择一个或多个方面做自我环境声明。如卫生陶瓷的"节水"或一次性餐具的"可降解"、"产品中有 X% 是回收材料制造的"等。

III 型环境标志是以设定的参数为依据，为消费者提供经第三方确认的信息。如家具需提供板材、黏合剂、油漆等甲醛、苯等污染物的详细数值，陶瓷制品提供放射性指数等，这些信息必须经第三方检测。

这三种环境标志各不相同，既可单独认证又可组合评价。I 型环境标志认证是对产品生命周期全过程的监控评价，依旧是环境标志的最高形象；II 型、III 型环境标志只侧重产品某一方面的环保因素的评价，直接反映企业的某项承诺，是 I 型的基础和补充。II 型、III 型环境标志也称为"绿色选择"标志，没有强制性，由企业根据自身情况选择是否采用。

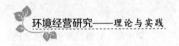

4.4 环境报告书

4.4.1 环境报告的意义

企业开展企业环境经营，不仅需要内部的自觉性，也需要来自外部的理解和监督。为了使外部了解企业的环境经营，公开环境信息必不可少。环境报告书就是企业环境信息披露的工具之一。在环境报告书中，企业将自身所采取的环境行动、企业经营活动所产生的环境负荷及其大小、企业对减少环境负荷所做的努力等与环境有关的信息，向消费者、股东、员工、交易伙伴、所在社区人群等各类利益相关者公开，供不同利益相关者（内部或外部）了解企业的环境受托责任履行情况和环境业绩等，将企业的环境行为置于公众的监督之下。这是企业环境经营的重要组成要素，也是企业通过外部监督来改善内部管理的重要方式。世界上第一份企业环境报告（Corporate Environmental Report，CER）是挪威水电（Norsk Hydroy）工业集团在 1989 年发表的。目前，企业发布环境报告书已成为一种趋势，我国新环保法也要求企业主动公开环境信息，接受公众监督，每年发布环境报告书的企业也有所增加。在欧美、日本等发达国家，环境报告书已与有价证券报告书并列，成为上市企业公开信息的主要方式，也是公众获取上市公司信息的主要来源。

4.4.2 环境报告书的内容

我国企业发布的环境报告多参照日本《环境报告指南》和

《GRI 指南》[1]。日本企业的环境报告书通常包含以下内容：
环境理念及方针、组织体制、环境会计、环境效率、在开发设
计方面的投入、在生产方面的投入、对再生利用的投入、
ISO14001 认证、生命周期评估、与地域社会的关系、环境教育、
第三方评价等，表 4.3 是部分日本企业环境报告的主要内容。

表 4.3　环境报告书所记录的内容

（○表示有记录，×表示无记录）

	味之素	三井化学	普利司通	松下电器	日本电器	丰　田	本　田
环境基本方针	○	○	○	○	○	○	○
环境经营推进体制	○	○	○	○	○	○	○
环境教育启发	○	○	○	○	○	○	○
环境会计	○	○	○	○	○	○	○
生命周期评估	○	○	○	○	○	○	○
ISO14001	○	○	○	○	×	×	○
化学物质	○	○	○	○	○	○	○
员工/雇佣体制	○	○	○	○	○	○	×
地域社会	○	○	○	○	○	○	○
道德与法律	○	○	○	○	○	○	○
第三方意见	×	○	○	○	○	○	×
环境表现	○	○	○	○	○	○	○

资料来源：[日] 金原达夫、金子慎治：《环境经营分析》，葛建华译，中国政法大学出版社 2011 年版，第 24 页。

---

[1] 即全球报告倡议组织（Global Reporting Initiative），为企业社会责任报告所提供的规范性框架。其 2006 年出版第三代《可持续性发展报告指南》，简称 G3。

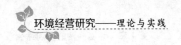

近年来，与环境相关联的问题，几乎涉及社会的各个方面，如人权与工作环境、产品安全等，相关范围正在逐步扩大。因此，环境报告的内容也逐渐增多，报告名称有的也改变为《社会·环境报告书》、《可持续发展报告书》、《企业社会责任报告书》等。

环境报告的发布应遵循四个一般性原则，即目的适应性、可信赖性、便于理解和容易比较。目的适应性是指所发布的信息要与报告使用者如利益相关者等所期待和需求的信息相适应，以便他们作出投资判断等分析。同时，为了确保报告的可信赖性，就必须保证所公开的信息的广度、正确性、中立性和可检验性。

对企业而言，环境报告书虽然不是法律规定的强制行为，但在全球范围来看，发布环境报告的企业越来越多，尤其是上市公司。因此，环境报告书正在成为企业获得融资、政府支持、消费者好评和社会认可的重要文件。

附录4.1

ISO14000 认证对出口贸易的影响

丘尔科维奇（Curkovic）等研究了 16 个美国公司实施 ISO14000 对企业竞争优势的影响。他们注意到，ISO14001 认证常被企业看成是应对国外市场上高环境要求的一种策略和有吸引力的市场营销工具。克里斯特曼（Christmann）和泰勒（Taylor）通过对 118 家中国企业实施 ISO14000 的调查发现，跨国公司对 ISO14000 有更高的热情，越是外向型的企业越倾向于采用 ISO14000，但作为跨国公司供应商的内资企业对 ISO14000 却没有表现出较高的热情。新加坡企业，尤其是新加坡的电子和化工企业常把 ISO14001 认证看成是能增加企业出口竞争优势的源泉。萨默斯（Summers）对 15 个国家企业的调查发现，大部分公司认为 ISO14000 有助于公司的出口贸易。弗洛伦西亚（Florencia）等研究了 ISO14000 认证对出口的影响，他们发现，只要国际市场依然将价格和质量看成是选择供应商的重要因素，那么，环境管理体系将是一个重要的考量因素。

阿尔伯可基（Aluquer）等在研究 ISO9000 和 ISO14000 扩散问题时发现，前者主要受地理和双边贸易的驱动，而后者则主要受地理和文化相似性驱动。我国一些学者，如孔曙、谢国娥、李大鹏等，定性地分析了 ISO14000 对我国出口贸易的影响。与上述学者不同，耿建新、肖振东则定量地分析了 ISO14000 对我国出口贸易的影响，他们发现，在出口收入方面，通过 ISO14000 认证的企业比没有通过认证的公司有超常的增长率。

2012 年，韦焕贤等基于 1997～2009 年的数据，应用灰色综合关联理论比较分析了 ISO9000 和 ISO14000 认证对我国出口贸易的影响，研究发现：①无论是 ISO9000 还是 ISO14000 认证都有较大的正向出口效应，但总体而言，ISO9000 认证的出口效应大于 ISO14000 认证的出口效应。②ISO9000 认证和 ISO14000 认证对不同产品的出口效应是不同的。ISO9000 认证对工业制成品的出口效应最大，而 ISO14000 认证对贸易总额和工业制成品的影响均突出。③对总出口和工业制成品出口来说，ISO9000 认证的影响最大，其次是经济发展水平的影响，然后是 ISO14000 认证，而 FDI 和汇率的出口贸易效应相对较低；对于初级产品出口来说，经济发展水平的影响最大，其次是 FDI 和 ISO9000，最后是 ISO14000。

资料来源：韦焕贤等："ISO9000 和 ISO14000 认证对出口贸易影响的比较研究"，载《科技管理研究》2012 年第 23 期，第 196～202 页。

附录4.2

丰田公司环境管理体系

　　日本丰田汽车公司是世界上仅次于美国通用公司的世界十大汽车制造商之一，它早在1963年就成立了专门的环境管理机构"工厂环境管理委员会"，并于1992年制定了《丰田地球环境宪章》，在ISO14000标准颁布之初就已通过了其相关认证。如今，丰田汽车已经形成了一套完善的环境管理体系，并且有层层负责的严密组织结构，具体环保组织构架如图4.6所示。

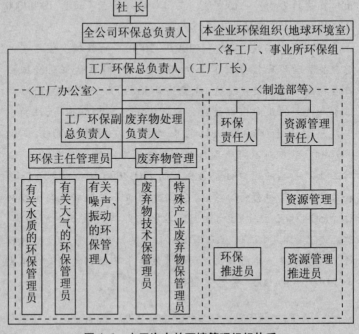

图4.6　丰田汽车的环境管理组织体系

丰田公司一直将环保问题视为最重要的课题之一,力争在汽车的开发、生产、使用到报废的生命周期的每一个阶段都体现出保护环境的精神。当前,公司正在研究"防止温室效应"、"防止大气污染"、"能源的有效利用"这三方面的环保课题,如图4.7所示。

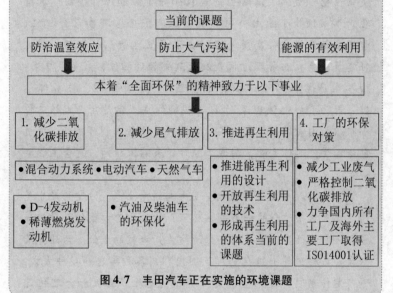

图4.7 丰田汽车正在实施的环境课题

附录4.3

艾默生电气实施19项清洁生产方案省下242万

艾默生电气(深圳)有限公司(以下简称"艾默生电气")成立于1992年,位于宝安区宝城69区宝恒工业园,是美国艾默生集团公司在深圳投资的全资子公司,主要生产热熔断器、温控器、热敏电阻及电动开关工具等产品，广泛应用于全球家用电器、电动工具及汽车制造业。2007 年 10 月，在公司高层管理者的大力支持和推动下，艾默生电气开展了自愿清洁产审核工作，具体如下：

（1）公司经营决策体现清洁生产理念。2008 年 10 月，艾默生电气成立了清洁生产审核领导小组和工作小组。清洁生产审核领导小组由公司环境健康与安全管理委员会担任，管理委员会设主任委员一名，由最高管理者厂长担任；副主任委员一名，由管理者代表及行政部经理担任；成员共 9 名，由各生产单位经理、品质部经理、物料部经理、技术部总监、人力资源部经理及 HSE 工程师组成。清洁生产审核工作小组组长由管理者代表担任，副组长由 HSE 工程师担任，成员包括各生产单位主管、制造工程师、采购工程师、货仓主管共 8 人。

（2）多项措施并举激励全员参与清洁生产。方案的产生是清洁生产审核过程的一个关键环节，清洁生产方案的数量、质量和可实施性直接关系到企业清洁生产审核的成效。为此，清洁生产审核工作小组在全厂范围内利用各种渠道和多种方式，进行宣传员，鼓励全体员工提出清洁生产方案和合理化建议。通过各类板报、专刊宣传和各种类型的座谈会、交流会，使员工了解如何从原辅材料及能源的替代、技术工艺改造、设备维护和更新、过程优化控制、产品更新或改进、废物回收利用和循环使用、加强管理、员工素质的提高以及积极性的激励等八个方面考虑清洁生产方案。

为充分调动全体职工参与清洁生产的积极性，艾默生电气公司还完善《清洁生产奖励方案》，在工资、奖金分配，升降职等诸多方面，充分与清洁生产挂钩，并配合公司的岗位量化管理，将清洁生产作为岗位量化的一项内容，要求员工在各自的岗位上，按照清洁生产的要求，不断地提出新的清洁生产方案；提出的方案经采纳实施取得明显的经济效益和环境效益的，对方案的提出者给予一定的奖励，并把清洁生产的奖励措施，纳入企业的评先、升职等有关制度中。

公司全体员工在清洁生产审核过程经过筛选、汇总，产生的无/低费清洁生产方案一共 32 个。32 个方案中主要体现原辅材料和能源替代的有 4 个，技术工艺改造的有 11 个，设备维护与更新的有 5 个，过程优化控制的有 4 个，加强管理的有 5 个，废弃物回收利用和循环再使用的有 1 个，加强管理和提高员工积极性的有 2 个。

(3) 实施 19 项清洁生产方案。艾默生电气的圆片房的工艺包括圆片测试、清洗和工件清洗。传统工艺中，由于外购圆片生产过程使用大量的硅油和三氯乙烯，因而随着测试的不断进行就必须添加或更换硅油，由此产生了大量的废硅油；而必需的三氯乙烯清洗则会产生大量的三氯乙烯废液以及废气。这些废弃物会对环境产生较大影响，不符合清洁生产的要求；而且废弃物的管控和处理也增加了企业运营成本。如何减少三氯乙烯的使用，就成为亟待改善的项目。

引进新的圆片测试工艺后，公司的硅油及三氯乙烯的使用得到了有效控制，三氯乙烯的单耗下降了 30%。按产量不变计算，测试工艺改进后可减少硅油用量 1900 kg/a，三氯乙烯用量 18 000 kg/a。从直接经济效益来看，节省人工费用约 16 万元/年，节省三氯乙烯使用成本 29.8 万元/年，节省硅油使用成本 4.25 万元/年，共计逾 50 万元/年。

在全公司征集的 32 项清洁生产方案中，不可行方案 1 项、暂缓实施方案 3 项、无/低费方案 20 项、中/高费方案 8 项。20

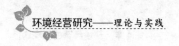

项无/低费方案已经实施14项，投资8.1万元，直接节约成本106.9万元/年；8项中/高费方案已实施5项，投资765.5万元，直接节约成本135.3万元/年。总共结算，已实施的19项方案每年直接节约成本242.2万元/年。

案例点评：清洁生产的重点是做好人的工作。

清洁生产是一项全员性、长期性的工作，并非一朝一夕就可完成，它是一个动态、持续的过程，必须以人为本，重点做好人的工作。艾默生电气公司通过对全体员工定期的培训教育，加强清洁生产宣传、教育，提高全体员工的环境和清洁生产意识，使全体员工了解实施清洁生产活动的必要性和紧迫性，使清洁生产在职工中形成牢固的观念。同时，注意提高各级管理人员的管理水平和业务素质，提高基层操作工的操作技能，以适应清洁生产工艺。为充分调动全体职工参与清洁生产的积极性，艾默生电气公司将清洁生产与工资、奖金分配，升降职等诸多方面充分挂钩，并与公司的岗位量化管理相结合，促进员工不断地提出新的清洁生产方案。我们看到，这些来自员工的清洁生产方案经采纳实施后，为公司取得了明显的经济效益和环境效益。

案例来源：http://barb. sznews. com/html/2009 – 12/23/content_903361. htm.

附录4.4

日本环境报告指南（2007 版）项目

1. 基本项目
   (1) 序言·经营者责任
   (2) 报告的基本要件（报告者的组织结构、报告期间、报告领域等）
   (3) 业务概况
   (4) 环境报告概要（主要指标一览、目标、方针、计划、业绩等综述）
   (5) 业务活动的物料平衡

2. 环境管理指标
   (6) 环境管理状况、经营活动中的环境友好方针
   (7) 遵守环境规制的状况
   (8) 环境会计信息
   (9) 环境友好的投融资情况
   (10) 供应链管理状况
   (11) 绿色购买、绿色采购
   (12) 环境友好新技术、DfE 等的研究开发状况
   (13) 环境友好运输状况
   (14) 生物多样性保护和生物资源可持续的使用状况
   (15) 环境沟通状况
   (16) 与环境有关的社会贡献活动状况
   (17) 投资于削减环境负荷的产品、服务状况
3. 作业指标
   (18) 总能源投入量及削减对策
   (19) 总物质投入量即削减对策
   (20) 水投入量即削减对策
   (21) 业务范围内实现循环利用的物质量
   (22) 总产品生产量（或销售量）

续表

（23）温室气体等大气污染物排放量及削减对策
（24）与大气污染、生活环境相关的环境负荷物量及削减对策
（25）化学物质排放量、移动量及其管理状况
（26）废弃物总排放量、废弃物最终处理量及削减对策
（27）总排水量及削减对策
4. 环境效率指标
　（28）表示环境友好经营状况的指标、信息等
5. 社会形象指标
　（29）对社会负责的相关行动

资料来源：日本环境省：《环境报告指南》，2007 年，第 26～29 页。

第5章

环境经营与竞争战略选择

5.1　环境污染与企业经营活动

　　由人类的生产和生活活动所引起的很多环境污染问题，已经成为世界各国的共同课题。按照被污染对象来划分，这些环境污染的主要种类有大气污染、水污染、土壤污染等。

　　（1）大气污染。国际标准化组织（ISO）对大气污染的定义是"由于人类活动或自然过程引起某些物质进入大气中，呈现出足够的浓度，达到足够的时间，并因此危害了人体的舒适、健康和福利或环境污染的现象"。

　　大气污染物主要分为有害气体（二氧化碳、氮氧化物、碳氢化物、光化学烟雾和卤族元素等）及颗粒物（粉尘和酸雾、气溶胶等）。它们的主要来源是工厂排放、汽车尾气、农垦烧荒、森林失火、炊烟（包括路边烧烤）以及尘土（包括建筑工地）等。目前已知的大气污染物约有一百多种。这些大气污染

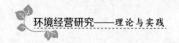
的形成有自然因素（如森林火灾、火山爆发等）和人为因素（如工业废气、生活燃煤、汽车尾气、核爆炸等）两种，且以后者为主，尤其是工业生产和交通运输所造成的。虽然降水对大气能起到净化作用，但因污染物随雨雪降落，大气污染也随之转变为水体污染和土壤污染。

大气污染物对工业的危害主要有两种：一是大气中的酸性污染物和二氧化硫、二氧化氮等，对工业材料、设备和建筑设施的腐蚀；二是飘尘增多给精密仪器、设备的生产、安装调试和使用带来的不利影响。

大气污染对农业生产也造成很大危害。酸雨可以直接影响植物的正常生长，又可以通过渗入土壤及进入水体，引起土壤和水体酸化、有毒成分溶出，从而对动植物和水生生物产生毒害；严重的酸雨会使森林衰亡和鱼类绝迹。

大气污染对人类健康的伤害非常明显。近年来，随着空气质量恶化而频繁出现的雾霾天气，就是典型的大气污染，其持续时间、出现频率和波及范围都有增加趋势，已成为我国乃至全世界城市居民生活中一个无法逃避的现实。目前我国已将对雾霾的预报作为灾害性天气预警预报，PM2.5也因此成为人们最为关注的空气质量指标，这也说明了我国在经济高速发展的同时所面临的严重的环境问题。雾霾中的颗粒物主要来自如发电厂、钢铁厂、棉花厂、石棉厂、煤矿、汽车尾气等，这些排出颗粒的直径属微米级的细小颗粒物停留在大气中，当逆温、静风等不利于气体扩散的天气出现时，就会形成霾，使大气中的二氧化硫、一氧化碳、氮氧化物等物质随之高浓度聚集、毒性加重，长期吸入这些颗粒物甚至有毒物质，将刺激并破坏气管黏膜，导致气管黏膜杀灭病毒、细菌和抵抗它们进入肺部组织的功能下降，气管黏膜的排毒功能下降。因此，雾霾很容易诱发呼吸系统疾病，如支气管炎以及各种皮肤病等。呼吸系统疾病久而久之还可能导致肺间质纤维化，直接危及生命，严重会致死。因此，无论政府、企业还是个人，都应尽己所能，改变原有的生产方式和生活方式，从源头解决雾霾问题。

（2）土壤污染。土壤污染是指由人类活动产生的污染物进入土壤并积累到一定程度，引起土壤质量恶化的现象。如废渣、废水、垃圾等对土壤质量的损害，塑料、橡胶、玻璃等都会造成严重的土壤污染。当土壤中含有害物质过多，超过土壤的自净能力，就会引起土壤的组成、结构和功能发生变化，土壤中的微生物活动也会受到抑制，影响土壤质量。有害物质或其分解产物在土壤中逐渐积累，通过"土壤→植物→人体"，或通过"土壤→水→人体"间接被人体吸收，达到危害人体健康的程度。

土壤污染物主要有四类：①化学污染物，包括无机污染物和有机污染物。前者如汞、镉、铅、砷等重金属，过量的氮、磷植物营养元素以及氧化物和硫化物等；后者如各种化学农药、石油及其裂解产物，以及其他各类有机合成产物等。②物理污染物，指来自工厂、矿山的固体废弃物如尾矿、废石、粉煤灰和工业垃圾等。③生物污染物，指带有各种病菌的城市垃圾和由卫生设施（包括医院）排出的废水、废物以及厕肥等。④放射性污染物，主要存在于核原料开采和大气层核爆炸地区，以锶和铯等在土壤中生存期长的放射性元素为主。

大气污染、水污染等问题一般都比较直观，通过感官就能发现。土壤污染则具有隐蔽性和滞后性，它往往要通过对土壤样品进行分析化验和农作物的残留检测，甚至通过研究对人畜健康状况的影响才能确定。因此，土壤污染从产生污染到出现问题通常会滞后较长的时间。如日本的"痛痛病"经过了 10 ～

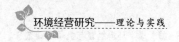
20 年之后才被人们所认识。土壤污染一旦发生，仅仅依靠切断污染源的方法则往往很难恢复，治理污染土壤通常成本很高、治理周期也较长。

2005 年 4 月至 2013 年 12 月，环境保护部（1998～2008 年称谓是国家环保总局）会同国土资源部开展了首次全国土壤污染状况调查。调查结果显示，我国土壤环境状况总体不容乐观，部分地区土壤污染较重，耕地土壤环境质量堪忧，工矿业废弃地土壤环境问题突出。全国土壤总的点位超标率为 16.1%，其中轻微、轻度、中度和重度污染点位比例分别为 11.2%、2.3%、1.5% 和 1.1%。从土地利用类型看，耕地、林地、草地土壤点位超标率分别为 19.4%、10.0%、10.4%。从污染类型看，以无机型为主，有机型次之，复合型污染比重较小，无机污染物超标点位数占全部超标点位的 82.8%。从污染物超标情况看，镉、汞、砷、铜、铅、铬、锌、镍 8 种无机污染物点位超标率分别为 7.0%、1.6%、2.7%、2.1%、1.5%、1.1%、0.9%、4.8%；六六六、滴滴涕、多环芳烃 3 类有机污染物点位超标率分别为 0.5%、1.9%、1.4%。[1]工矿业、农业生产等人类活动和自然背景高是造成土壤污染或超标的主要原因。

（3）水污染。我国《水污染防治法》中对"水污染"的定义为水体因某种物质的介入，而导致其化学、物理、生物或者放射性等方面特征的改变，从而影响水的有效利用，危害人体健康或者破坏生态环境，造成水质恶化的现象。

对水体的污染物主要有：①未经处理而排放的工业废水；②未经处理而排放的生活污水；③大量使用化肥、农药、除草剂的农田污水；④堆放在河边的工业废弃物和生活垃圾；⑤森

---

〔1〕 环境保护部和国土资源部：《全国土壤污染状况调查公报》，2014 年 4 月 17 日，载 http://www.zhb.gov.cn/gkml/hbb/qt/201404/t20140417_270670.htm.

林砍伐，水土流失；⑥因过度开采，产生的矿山污水等。

我国是一个水资源奇缺的国家，淡水资源总量为 28 000 亿立方米，仅为世界平均水平的 1/4，在世界排第 110 位。若扣除难以利用的洪水径流和散布在偏远地区的地下水资源后，现实可利用的淡水资源量更少，仅为 11 000 亿立方米左右，人均可利用水资源量约为 900 立方米，并且其分布极不均衡，已被联合国列为 13 个贫水国家之一。

我国不仅存在资源型缺水、工程型缺水，而且污染型缺水也较严重，水资源质量不断下降，水环境持续恶化。全国江河水系、地下水污染和饮用水安全问题不容忽视，有的地区重金属、化学污染物严重超标；富营养、中营养和贫营养的湖泊（水库）比例分别为 27.8%、57.4% 和 14.8%；地表水水源地主要超标指标为总磷、锰和氨氮，地下水水源地主要超标指标为铁、锰。近年来，蓝藻已成为破坏水体的一大杀手，江苏太湖、安徽巢湖都岌岌可危，南京玄武湖也出现过蓝藻造成的"黑水"现象，在武汉市内的湖面上曾漂浮着由于蓝藻肆虐而致死的死鱼。水中重金属残留而引发的疾病则更让人担忧，如工业污染导致的水中铅超标，铅中毒可导致智力下降，对儿童中枢神经和细胞的损害是不可逆转的；铅中毒、癌症、克山病、大骨节病、甲状腺肿、氟牙等因重金属水污染而导致的疾病，严重危害着人们的身体健康。同时，由于污染所导致的缺水和事故也不断发生，不仅使工厂停产、农业减产甚至绝收，也造成了不良的社会影响和较大的经济损失。利用率低、浪费严重和日趋加剧的水污染，是我国水资源紧张的重要原因，已对我国人们的生存安全构成重大威胁，成为人类健康、经济和社会可持续发展的重大障碍。

环保部在 2013 环境公报中所公布的污染物数据，反映了人

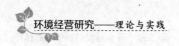

类活动对环境所造成的深刻影响。因此企业必须转变发展方式，在我国经济转型升级、迈向可持续发展的过程中，企业以环境经营为抓手，寻求发展机会刻不容缓。

表 5.1　2013 年全国废水中主要污染物排放量

化学需氧量（万吨）					氨氮（万吨）				
排放总量	工业源	生活源	农业源	集中式	排放总量	工业源	生活源	农业源	集中式
2352.7	319.5	889.8	1125.7	17.7	245.7	24.6	141.4	77.9	1.8

表 5.2　2013 年全国废气中主要污染物排放量

二氧化硫（万吨）				氮氧化物（万吨）				
排放总量	工业源	生活源	集中式	排放总量	工业源	生活源	机动车	集中式
2043.9	1835.2	208.5	0.2	2227.3	1545.7	40.7	640.5	0.4

表 5.3　2013 年全国工业固体废物产生及利用情况

产生量（万吨）	综合利用量（万吨）	贮存量（万吨）	处置量（万吨）
327 701.9	205 916.3	42 634.2	82 969.5

注：表 5.1、5.2、5.3，均来自环保部《2013 环境公报》。

5.2　市场竞争中的企业环境经营战略

5.2.1　影响企业环境经营战略的因素

弗罗依德在对美国企业的环境经营行动进行调查研究时发现：在关于企业环境经营的 5 个评价尺度中，环境规制（3.3）、企业公民地位（3.3）均非常重要；其他分别为技术改善（3.0）、顾客响应（3.0）、生产效率改善（3.0）。

影响企业环境经营战略的因素如下：

（1）政策法规因素。政府的法律法规和政策，将直接影响企业行为与市场选择。从20世纪90年代"波特假说"提出后，关于法律法规和政策对企业环境行为的影响，有很多研究者进行了实证检验。登申（Dension）考察了美国环境规制政策对生产率的影响[1]，发现1972~1975年美国16%的生产率下降可归于严格的环境规制。戈洛普（Gollop）和罗伯特（Robert）的研究发现：美国1973~1979年的二氧化硫排放限制政策，虽然导致电力产业每年全要素生产率增长下降0.59%，但的确促进了电力企业使用部分低硫煤作为火电燃料[2]。拉格曼和韦贝克曾经指出，企业开展环境经营的三大动机分别为遵守监管规定、制度驱动、利润及业绩驱动。在遵守法律法规政策方面，影响企业遵从的主要因素有三个：①政府施加的处罚成本；②违反法规所造成的公众舆论的负面反应；③企业内部的满意度。这些由于违反法规而带来的处罚、社会舆论压力和股东员工抱怨、不信任，都是影响着企业的环境经营战略选择。其研究还显示：政府监管力度是企业考虑环境问题时最大的单一压力来源。

我国学者叶强生等的实证研究表明：在建设生态文明的过程中要推动我国经济的转型升级、推进环境经营，首先需要进一步完善环境政策和环境管理法规；同时，对不同所有制的企业采取分类管理的政策，即对国有企业要通过引导采用最优实

---

[1] Denison E. F. , "Accounting for Slower Economic Growth: The United States in the 1970s", *Southern Economic Journal*, 1981. 47（4）, pp. 1191~1193.

[2] Gollop F. M. , Robert M. J. , "Environmental Regulations andProductivity Growth: The Case of Fossil‐fueled Electric Powergeneration", *Journal of Political Economy*, 1983, 91（4）, pp. 654~674.

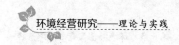

践或标准化环境技术来改进其环境绩效，而对私营企业则要在强化监管的同时采取经济激励的方法促进其改进环境绩效[1]。

目前，我国正在加快通过制度建设促进生态文明建设的步伐，如实行最严格的源头保护制度、损害赔偿制度、责任追究制度，完善环境治理和生态修复制度等。为了减少"有法不依、执法不严"的现象，建立和完善严格监管、独立执法的制度，我国于 2015 年 1 月 1 日开始实行"史上最严环保法"。其中有专门条款强调公众监督、环境执法；资源消耗、环境损害、生态效益指标也开始纳入地方各级党委政府考核评价体系并加大权重，将其与干部奖惩挂钩；对领导干部实行离任审计，建立生态环境损害责任终身追究制等制度都在进行中。同时，国家也在健全市场体制机制和经济政策，将与环境问题等有关的外部成本内部化，形成归属清晰、权责明确、监管有效的产权制度，通过制度建设促进价格机制的建立，以全面反映环境指标的市场供求、稀缺程度、生态环境损害成本和修复效益等。如资源税、碳排放权、排污权、水权交易制度等的建立，都是对企业环境经营战略选择发生重要影响的法律法规和政策因素。

（2）消费者因素。从弗罗依德对美国企业的调查研究结果来看，37.7%的企业认为：作为重要的市场因素，消费者对防止污染也发挥着重要作用；因而，消费者对环境问题的态度和行为将作用于企业并影响企业的环境行为，成为企业制定环境战略的重要因素。我国经济发展模式从传统的单向的直线式向闭合的环状经济转变过程中，任何环节都可能是污染源头，任何主体都可能是污染者；同时，任何环节也可能是减排渠道，任何主体都可能是环保主体。因此，处于闭合产业链下游的消

─────────

　　〔1〕叶强生、武亚军："转型经济中的企业环境战略动机中国实证研究"，载《南开管理评论》2010 第 3 期。

费者通过购买选择，对上游企业的环境行为也有着重要影响。

关于消费者的环境责任行为，欧美学者有分五类说、六类说以及四类说等[1]，比较典型的有 4 种[2]。

一是绿色消费行为。即消费者购买或消费环境友好产品的行为。绿色消费行为不仅可以提高消费者自身的生活品质、保障消费安全，还可以减轻因自身消费行为而带来的环境负面影响。更重要的是，它能够促进厂商生产和提供绿色产品。

二是环境损害抵制行为。即不购买或少购买对环境有害产品，拒绝购买环保行为不良的企业的产品。环境损害抵制行为可以避免或减轻由消费而增加的环境恶果，还会使非环境友好产品的市场萎缩，从而迫使企业研发环境友好型替代技术和产品。

三是循环消费行为。如重复使用一次性产品，改变产品用途，转换产品使用者，修复产品功能故障后再继续使用。这样的循环消费延长了产品的使用寿命，拓宽了产品的使用领域，增加了消费的可持续性，减少了废弃物。废弃物如垃圾分类就是消费者参与循环经济建设的重要表现。对废弃物的分类、集中投放和回收，一方面，有利于对其所含有用物质加以分解、提炼和回收利用；另一方面，有助于对不具有任何使用价值的废弃物进行归类处理，减少其空间占用和环境污染，降低了废弃物回收和处理的社会成本。

四是资源节约的消费行为。如对水、电、石油等稀缺性资源产品的节约消费方面。资源节约包括购买资源节约型产品及

---

〔1〕 Hines etc，"Analysis and Synthesis of Research on Responsible Environmental Behavior: A Metaanalysis"，*Journal of Environmental Education*，1986～1987（18），pp. 1～8.

〔2〕 黎建新、王璐："促进消费者环境责任行为的理论与策略分析"，载《求索》2011年第 10 期。

在使用过程中采取节约措施。我国人口众多，人均资源拥有量低，资源的利用率也偏低，资源节约行为意义重大、潜力巨大。

随着环境信息的公开，越来越多的人意识到自身的消费行为所产生的环境影响，也了解到不可持续的消费行为不仅伤害环境，也将危害自身和后代的健康生存。许多人开始改变大量使用、大量废弃的消费方式，并愿意为环境友好型产品的生态性、环境性支付价格。消费者的这种选择，借助市场机制将产生"倒逼效应"，迫使企业必须充分考虑消费者的环境态度和行为，促使企业向主动型环境战略转变，尤其是与最终客户密切接触的企业。一些企业会因此改变其生产行为，重视生态设计、原材料选择、生产过程的减污活动、产品包装和产品回收，以此来提高企业的环境业绩和声誉；一些企业会因此放弃生产污染严重、没有消费前景的产品。在国外，采取较高环境标准的公司比那些采取低环境标准的公司，市场价值要高得多。一些研究也表明：企业环境业绩差的信息会对其资本市场价值、投资者的投资意向产生负面影响。

除了个体消费者外，各类组织和企业自身也是各种产品的使用者，其采购行为也直接影响着企业对环境问题的认识；使用者的环境要求越强烈，对上游企业或合作企业的环境经营压力就越大。对于许多企业来说，环境要素（E）正在上升为和成本（C）、品质（Q）一样重要的交易条件，迫使供应商改善其环境行为。我国财政部、环保部就对政府采购所需商品列出了环境标志和节能产品清单，要求政府采购工程项目应当严格执行环境标志产品、节能产品优先采购和强制采购制度。在确定工程总承包单位时，采购人及其委托的采购代理机构应当明确落实环境标志产品、节能产品政府采购政策要求[1]。

同时，科学研究、媒体宣传、民间环境组织及各类活动等来自企业外部的力量，都会直接影响市场状况并间接影响到企业行为。近年来，环境问题已成为中国社会的关注热点，也成为新闻媒体所追逐的热点，新闻媒体对环境问题的认识正在进一步提升，并逐步成为推动解决深层次环境问题的重要力量。在企业越来越注意社会形象的今天，新闻媒体的相关报道，也会增加对企业环境违法行为的威慑力。对一些大型企业、跨国公司来说，出现环境违法行为，巨额罚款可能不算什么，但一经新闻媒体曝光，可能就会影响到其股票和声誉，不仅会受到来自资本市场和社会评价的压力，还会受到公司内部的压力。这些因素，都有助于促进环境违法者改进自身行为，自觉守法。

（3）企业内部因素。由于企业产品和业务活动的不同，不同企业所面临的环境风险不同、环境意识也不同。企业内部的员工、经理、股东和董事等的环境意识、环境行为，对企业的影响更为直接，作用力更强。比如关注环境的企业管理层通常会坚决承诺不生产对公众有害的产品和不断改善环境；有较强环境意识的员工，有可能对管理层做出的危害环境的决策加以抵制等。

在企业内部，强有力的领导、明确的环境经营目标和员工参与，被认为是企业开展环境经营的重要因素，尤其是企业领导人自身的环境意识[2]。环境经营与传统的、单向直线式的发展模式不同，它要求企业必须对与环境、与可持续发展的相关

---

〔1〕 参见财政部、国家发展改革委《关于调整公布第十七期节能产品政府采购清单的通知》等，中国政府采购官网。

〔2〕 [日]金原达夫、金子慎治：《环境经营分析》，葛建华译，中国政法大学出版社2011年版，第146～150页。

问题有清醒的认识，如企业是否应该承担环境责任？经济利益与环境利益是否必然冲突？企业与环境问题有怎样的关系？等等。因为对这些问题的认识，都与生产工艺改进、产品更新、原材料更换和市场开发等经营问题直接相关，需要企业领导者积极主动地致力于环境经营并制定战略和目标、制定具体可行的行动方案，为实施环境经营而进行必要的组织调整和改善，充分调动全体员工的力量。

在急剧变化的技术和市场环境中，企业要避免出现方向性错误、降低经营活动风险，领导者的战略选择和决策也是非常重要的。如果企业领导者没有强有力的推进环境经营的决心和领导能力，不能在企业核心价值观、使命和愿景中充分融入与环境和谐共存的可持续发展理念，环境经营就只能是"纸上谈兵"，不可能转变为企业强大的实施动力，环境绩效也很微弱。比斯和韦贝克的研究指出，企业环境经营的实施和绩效，与企业高层的领导模式、环境意识以及员工参与状况都有很强的关联性。[1]卡特（Carter）等认为，高层领导的决策和中层管理者的执行力，是企业环境经营能够成功的关键。[2]

但是，再好的环境经营战略，仅仅依靠领导并不能够自动实现，还需要全体员工的行动和努力；企业的环境经营目标、价值观、使命和愿景，也必须为全体员工共同认可并拥有，才能促使其实现。德西蒙（DeSimone）和波波夫（Popoff）的研究指出，全体员工的参与，能够有效提高企业的环境经营绩效。[3]

〔1〕 Buysse K. and A. Verbeke, "Proactive Environmental Strategies: A Stakeholder Management Perspective", *Strategic Management Journal*, 2003（24），pp. 453～470.

〔2〕 Carter C. R. , L. M. Ellram and K. J. Ready, "Environmental Purchasing: Benchmarking Our German Counterparts", *International Journal of Purchasing and Materials Management*, 1998 Fall, pp. 28～38.

〔3〕 DeSimone L. D. and F. Popoff, *Eco-Efficiency*, MIT Press, 1997.

弗罗依德对美国企业的调查表明，在污染防治方面，参与调查的企业中有64.6%认为与生产一线的员工有关。由此可以看出，员工参与是企业开展环境经营并取得较好环境绩效的重要因素。

现实中，政府的政策法规、市场及消费者、企业内部因素等对企业环境经营的影响正在日益增强，随着环境教育的深入和环境问题严重性的日益凸显，这些因素对企业的作用越来越大。企业正确认识以上因素，处理好企业与环境的关系，是企业选择环境战略的前提。

5.2.2 基于环境经营的竞争战略类型

从环境行为对企业在市场中竞争力量的影响来看，企业的竞争战略可分为三种，即遵循战略、竞争优势战略、可持续战略。[1]这些战略的根本区别在于，企业是注重自身行为适应市场和规制，还是试图通过自身的行为来影响并改变市场。

（1）遵循战略。这是最普通的基于环境经营的竞争战略，即企业认真而仔细地遵守环境规章制度，重点是遵循政府制定的法律法规和政策，避免违规。这类企业，通常不会主动应对环境问题，而是以政策法规的约束来制定措施，以免做出不成熟的决策。企业希望通过不承担市场和投资风险来保存实力。当获得更多与环境问题有关的信息或发展趋势基本明确之后，再大举投资参与竞争，这是较为消极的应对环境问题的战略模式，如同在第三章中提到的反应型、防御型战略。采取遵循战略的企业，应对环境问题仅仅是对环境规制的一种被动反应，环境对策更多地被企业认为是一种权宜之计，而不是将其视为建立企业竞争优势的一种途径。因此，往往缺乏长远的环境经

---

〔1〕 胡桂兰："基于循环经济的企业财务战略评价研究"，载《财会通讯》2011年第11期。

营战略规划，多是企业为解决一时一地的环境问题而采取的应对措施。

（2）竞争优势战略。这种战略着眼于通过内部资源整合和管理改进，期望通过环境经营来取得竞争优势。如将排放的热能转化为可再利用能源的余热发电项目，既可减少废气中的颗粒物又可为企业提供电能，既节能又可降低电费支出，通过降低生产成本为企业获得竞争优势；或者以技术开发形成领先的环境技术优势，从而影响市场追随者，以此取得竞争优势。追求竞争优势战略的企业，一般都具有可依赖的、有价值的资产，或具有竞争者不能轻易复制的组织能力。

现实中，越来越多的企业已经将环境经营作为获得竞争优势的源泉之一，通过组织的独特资源来开展环境经营、解决环境问题，并以此获得市场领先地位。这类企业将解决与企业经营活动相关的环境问题视为推动企业变革的力量，通过实施积极的环境战略来影响和推动企业所在行业、所在市场的变革，促使其朝着有利于环境改善、有利于自身发展的方向变化，从而在市场竞争中赢得有利地位。

（3）可持续战略。随着可持续发展理念深入人心，很多企业也在企业战略中引入了"可持续发展"理念，将可持续发展作为企业战略目标和努力的方向。其表现为主动关注资源环境问题，将环境经营战略作为企业发展战略的重要内容。这种企业的环境经营战略往往是主动的、具有很强的前瞻性。它以企业领导者的远见为驱动力，充分预见到环境问题能够为企业带来的发展机会，往往先于行业内其他企业启动环境经营与企业变革的发动机，引领所在行业和市场向自己期望的新的方向转变，其重点在于如何创造新市场、创造新机会。

选择可持续发展的环境经营战略的企业，往往是行业或市场变革的领导者，环境经营已成为企业发展战略的有机组成部分，是企业成功的重要条件。正如加里·胡佛所说："模仿当前的行业领袖并不是获得成功的不二法门。与行业中现今胜利者的想法相同并不能保证你企业的成功，关键是要和他们想法不同，关键是要具有独创性思维……伟大的企业之所以成功，是因为企业的领袖能够看到别人看不到的东西，提出别人提不出的问题，然后制定自己的方针，将洞察力和策略相结合，描绘出具有鲜明特点的企业蓝图。"[1]

5.3　案例讨论：节能减排——永玻公司困境中的竞争战略选择

5.3.1　案例资料

（1）案例背景。永玻玻璃有限公司（以下简称"永玻"）成立于 2007 年底，由其所属集团公司与香港企业共同出资筹建，总投资 11 亿元人民币，拥有日产量 600 吨和 900 吨的特种玻璃生产线各一条，技术水平处于国际一流、国内领先地位，年产特种浮法玻璃 48 万吨。企业产品主要客户为房地产、汽车、家电、建材、装饰装修和太阳能等企业。

2008 年 10 月，永玻投产时正逢国家 4 万亿投资计划出台所带来的房地产、汽车等行业迅速复苏，玻璃价格一路飙升：5 毫米平板玻璃的平均价格由 2008 年的 70 元/箱（1 箱 = 50 公斤）上涨 2010 年的 80 元/箱，永玻的利润也快速增长。但是，进入

---

〔1〕［美］加里·胡佛：《愿景——企业成功的真正原因》，薛源、夏扬译，中信出版社 2003 年版，序言。

2011 年，玻璃价格则一路下跌，见表 5.4。

表 5.4　2011～2014 华北地区 5 毫米平板玻璃市场年平均价格变化（元/箱）

	2011	2012	2013	2014.1～4	2014.5～
价　格 (50 公斤/箱)	70.00	65.00	60.00	60.00	52.00

与此同时，平板玻璃制造成本不断攀升，原材料、辅料、能源和人工成本等均上涨 5% 左右。2012 年，我国有平板玻璃厂 86 家，生产线 274 条，平板玻璃总产量占世界 50% 以上，产能过剩已是事实，产品价格再无上升空间。2011 年，永玻的销售额比 2010 年下降了 40%，利润额下降高达 60%。

（2）如何降低成本？通过生产成本分析，永玻发现在玻璃制造总成本中，能源消耗占 38%，纯碱等辅料占 27%，硅砂等其他矿物原料约占 15%，三项之和已占生产总成本的 80%。因此，减少能源和资源消耗必然是降低成本的首选。很快，永玻将节能减排纳入到企业战略。在《2011～2014 发展纲要》中，永玻明确指出：公司的发展必须与国家和社会的可持续发展保持一致。公司的长期发展战略是致力于节能环保事业，通过与各利益相关方的密切合作来创造共享价值，以为社会提供多种节能玻璃为己任，为国家的绿色 GDP 贡献力量[1]。为此，永玻设立了节能环保专项行动小组，由企业副总担任组长，并制定了行动方案。①目标分解。分别确定节电、节气、节水、节约原材料和减少废弃物等多个节能减排目标，将相关任务落实到各车间、班组，分别以月和季度为考核单元。②全员参与。公司通过不定期的专题宣传教育，提高全体员工的节能环保意

---

〔1〕 作为最早的低辐射节能玻璃制造商，永玻所属集团参与了多项节能建筑、节能产品的国家标准和行业标准的制定与修订，培育和引导了中国节能玻璃市场。

识，并设立了各种奖励制度，每月评选一次，鼓励全体员工为企业的节能环保提供改进方案。③合作共赢。与设备、原材料供应商合作创造共享价值，如选用资源利用率高、污染物排放量少的设备和工艺等，以此来刺激供应商改进技术；与原材料、辅料的供应商一起改进包装，降低双方的成本。

（3）余热发电与资源再利用。每年，永玻所消耗的电能为5200 万千瓦时，电费支出就高达 3000 万元。2011 年 3 月，永玻投资 3800 万元，利用生产过程的余热建立了余热发电厂，每年发电约为 3500 万千瓦时，可满足公司 70%以上的用电量，相当于节约 1 万吨标准煤，也相当于减少了 1 万吨标准煤燃烧所排放的污染物，永玻也因此获得国家财政奖励 309 万元。

碎玻璃是平板玻璃生产中的七大原料之一，2012 年，永玻投入 24 万元，建立了碎玻璃回收系统，不仅每年节约原料费用400 多万元，还减少了废弃碎玻璃填埋对土地或人造成的损害。

2012 年，永玻投入 7 万多元联合供应商进行设备改造，将原料包装由每袋 50 公斤改为每袋 1000 公斤，将人工搬运改为机器搬运，节省员工 6 人。仅这一项，每年为公司节约资金 45 万元，为供应商节省 1.6 万个包装袋，进而使原料价格降低0.5%；改进后，包装袋还可重复使用，每年减少废弃包装袋 30多万个。同时，公司又联合物流企业改进运输方式，将传统的木箱包装改良为简易薄膜包装，既减少了木材消耗，每年还节省包装成本 200 多万。[1]

2013 年，5 毫米平板玻璃市场价格已由 2011 年的 70 元/箱，下降到 60 元/箱。永玻通过在节能环保等方面所做的努力，使

---

〔1〕平板玻璃产品的传统包装为木箱，每吨玻璃耗费木材约 0.15 立方米。以 2012 年产 3800 万吨玻璃产量计算，全国当年的平板玻璃包装消耗木材 570 万立方米。该行业每年原材料所使用的编织袋数量大约在 2 亿条左右，往往白白浪费掉，回收再利用率极低。

平板玻璃的出厂成本价控制在 54 元/箱，有效应对了市场大幅萎缩、低价竞争的严酷现实，全年实现销售收入 6 亿元人民币，税后利润达 5000 多万元，确保了企业在市场低迷中的平稳发展。

2013、2014 年，各大媒体曾几次现场报道永玻的节能减排成果，以此引导当地企业的节能减排工作。在永玻，食堂、宿舍区等生活污水处理后用于浇花草，工业垃圾和生活垃圾也都分类处理，节能减排已从生产运营延伸到了日常管理。

（4）烟气治理，减少污染物排放。2013 年，永玻所排放的烟气中 NOx 量约为 3643.2 吨/年，烟尘约为 228.5 吨/年，已经超过国家对玻璃企业大气污染排放的限值，玻璃企业特有的"高污染"在永玻表现得也很明显。[1]

是否应该尽快上马烟气治理项目对永玻来说是一个艰难的抉择。余热发电、废弃物再利用等举措虽然都有前期投入，但后续维护运行所需要资金较少，可以在预计的周期内收回投资，节约的能源和原材料支出等也能直接表现为生产成本的降低。而烟气治理不仅前期投入大，项目建成后每年的运行费用也较高，且无法预估直接的经济回报，这也是很多企业不愿投入的重要原因。因此，玻璃行业中超标排放的企业比比皆是，在"法不责众"的执法现状中心安理得。

如何算账？要不要上马烟气治理项目？

"算大账、算总账、算良心账。否则，企业废气造成的大气

---

〔1〕 2013 年很多城市出现的雾霾天气就与 NOx 的含量超标有直接的关联，统计显示城市空气污染物的来源机动车的贡献占 15% ~25%（汽车带来的路面扬尘、尾气），工业排放的贡献 35% ~45%，干洗、餐饮油烟等贡献在 25% ~35%。尤其是氮氧化物（NOx）在阳光的作用下会引起光化学反应，形成光化学烟雾，从而造成一定程度的大气污染。人体健康伤害、高含量硝酸雨、光化学烟雾、臭氧减少以及其他一些环境问题均与 NOX 污染有关系，因此，控制 NOx 对环境的污染十分关键。

污染，员工和附近居民都是最直接的受害者。而且，更严格的国家标准迟早都要执行。"永玻的领导层如此考虑。

2013 年 5 月，在集团的支持下，永玻投入 2150 万元，果断启动了烟气综合治理项目。2014 年 2 月，该项目进入正常运行，烟气污染物排放因此有了明显改善：每年减少 NO_X 排放量约 2484 吨、烟尘排放量约 145.73 吨，达到并超过了国家标准。但是，该项目维持正常运行每年需要持续投入 1100 万元，这将直接导致玻璃的单位成本提高 2.1%。在供大于求、价格战激烈的市场中，这一成本如何在企业内部消化？将其计入市场价格显然不可能。

5.3.2　案例讨论

（1）节能减排与永玻的企业战略。在一个成熟的市场中，低成本战略（成本领先战略）是企业采用的主要竞争战略，规模经济通常是获得低成本的主要手段。但在平板玻璃市场中，全行业产能过剩已经不允许企业再靠扩大生产规模来降低成本。因此，分析成本构成因素就显得十分重要。在玻璃制造总成本中，能源消耗占 38%，纯碱等辅料占 27%，硅砂等其他矿物原料约占 15%，三项加总已占平板玻璃生产成本的 80%，如何减少能源和资源消耗应该是降低成本的主要因素。永玻将节能环保融入企业的低成本战略中，其战略性主要体现在以下方面：

首先，企业在发展纲要中明确指出，公司发展必须与国家和社会的可持续发展保持一致。公司的长期发展战略是致力于节能环保事业，以为社会提供多种节能玻璃为己任，一如既往地推进节能环保，为国家的绿色 GDP 贡献力量；要对股东、员工、客户、消费者、供应商、社区居民、自然环境和资源等所有利益相关方承担相应责任。强调企业通过节能环保来推动低

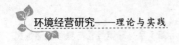

成本战略、创造共享价值，履行社会责任。

其次，组织保障。成立了节能环保专项小组，由副总直接负责，各车间和部门也有专人负责，以确保为推进节能环保工作的推进提供人力、物力以及技术和财力支持。

最后，目标管理。设定节能环保的战略目标，并将其分解为车间和班组的具体目标，在规定限期内对完成效果进行评估，看是否达到预期目标。为动员全员参与，永玻通过不定期的专题宣传教育来提高员工的节能环保意识，并制定了"小改小革"和"提案改善"等奖励制度，激励员工在立足本岗位，发现大大小小的可改善点，提出改善方案，经过评估认定实施后给予相应奖励。由此形成了较为完整的节能环保推进体系，也有效地降低了企业生产成本。

（2）通过创造共享价值来履行企业社会的环境责任。在强调企业应承担环境责任的今天，人们更希望探索能够建立起企业的经济价值与环境价值、社会价值之间互相推动、良性循环的机制，这也是在生态文明建设大背景下，企业获得可持续发展的基础。2011 年，波特在其研究中指出，企业的经营活动应连接商业成功与社会进步，应该创造企业与供应商、员工、消费者、自然环境等不同利益相关者所追求的共同价值，即共享价值。创造共享价值的前提是企业的经营活动应符合法律和道德标准，降低其所带来环境负荷和其他负面影响，关注顾客多方面的需求并推进企业创新；在应对社会挑战、满足社会需求过程中，创造出巨大的经济价值。在永玻，企业所采取的低成本战略与节能环保相互融合，节能环保战略构成了企业竞争战略的一部分，与企业使命和任务高度匹配，因而推进了企业的持续行动，进而保证了企业在市场低迷中的平稳发展。

通过积极发现、挖掘和自身主营业务有关的社会问题——

将节能环保与降低成本项关联，通过各项节能环保措施的实施为各方利益相关者创造共享价值，永玻以此来履行企业的社会责任。表现为企业稳定发展，必然有利于员工稳定就业和收入稳定增加；余热发电、废弃物再利用（碎玻璃、包装物等），降低了企业生产成本，减轻了企业污染物排放对员工、对社会、对环境造成的伤害。这些措施，既提高了社会资源的利用率，也贡献于当地社区和居民良好的生活环境，因而具有社会意义。同时，永玻还将员工、供应商和客户等都纳入到企业节能环保战略中，建立起健康运行的合作网络，如"小改小革"、"提案改善"等方案，将环境经营与员工发展、员工绩效改善计划相结合；与原料供应链合作减少原材料浪费，与客户合作实施简易包装等等。这些措施为各方都带来了降低成本、提高环保性的机会。表现为员工积极性提高、原料供应商包装成本的节约、客户因简易包装而享受到价格优惠和装卸的便利等等，实现了共同价值的创造和分享。

永玻在艰难抉择中上马的烟气治理工程，充分体现了对国家生态文明战略和经济发展趋势的清醒认识，对环境利益、社会利益和企业长远利益的追求，而不是以短期利益得失和"法不责众"的大气污染为代价等损害公众利益来谋取发展。

综上所述，永玻将利益相关者纳入节能环保战略中，以创造共享价值为基础来履行企业社会责任，所实施的节能环保战略既符合国家节能减排的要求，也满足于企业降低生产成本的要求，使共享价值创造、履行企业社会责任与企业主营业务发展融为一体，形成了包含"理念——组织——措施——行动"的完整体系，体现了其战略性和系统性。

（3）将环境要素纳入成本与收益。案例中的"成本—收益"数据见表5.5。

表5.5　永玻主要节能环保项目的"成本—收益"

项　目	成　本		直接收益	
余热发电	3800 万元	480 万/年	节电70%，约2100万元/年 余电出售，360万/年 政府奖励：309万，一次性	相当于减少1万吨标准煤燃烧所排放的污染物
废玻璃再利用	24万元	很少	400万/年	减少填埋污染
包装袋再利用	7万元	很少	45万/年	减少木材消耗、废弃物污染
烟气治理	2150 万元	1100 万/年	暂无法估算	有效改善大气质量，减轻雾霾
其他间接收益				
政府、社区关系良好；企业形象提升；员工生活工作环境良好，提高就业满意度；潜在的绿色中标机会；规避环境风险、提高企业竞争力，等等。				

从以上数据看，余热发电、废弃物再利用等所带来的成本削减，都能在短期内直接体现在收益中；烟气治理难以在短期内收回投资，且后期需要持续投入难以带来直接的经济效益。这里，涉及企业对成本的重新认识。美国环境保护署（US Environmental Protection Agency，USEPA）将成本分为四类，即①传统成本；②隐性成本；③偶发成本；④关联成本（形象·关系成本）。

传统的成本是指在投资决策时通常考虑的项目；隐性成本是指在投资决策时通常不作为考虑对象但又对环境有重要影响的成本。这些，又分为事前成本、事后成本、规制遵守成本和自主成本。

　　随着环保法规及行政措施的日益完善，原本由社会承担、外部化的环境成本，将逐渐内化为企业自身的经营成本，如环境损害的处罚和赔偿等都应体现在企业成本中；排放不达标企业，最终还将面临不得不退出市场的风险。因此，将节能环保纳入企业战略，将有利于企业从短期和长期相结合的眼光，来把握由于环境问题而给企业带来的隐性成本、偶发成本和关联成本。2014 年底，当地强制关停了污染物排放仍不能全部达标的玻璃企业。

　　作为温室气体排放大国，我国越来越感受到来自国际社会的压力。2009 年 12 月中国在哥本哈根会议上承诺：2020 年的单位 GDP 碳排放量较 2005 年下降 $40\% \sim 45\%$。要兑现这一承诺，需要每个企业、每个人做出努力。玻璃行业是典型"高能耗"、"高污染"行业，国家对其排污标准和监控日益严格。节能环保不仅是应对市场价格变化的措施，也应该成为企业生命线。永玻在烟气治理方面的提前达标和一系列节能减排措施，都走在当地企业前列，展示了永玻以创造共享价值为中心，关注利益相关者各方，为企业塑造了良好形象，也使企业避免了在国家严格环保法律规范所带来的"关停并转"危机。这些都可为企业赢得市场机会，尤其是在绿色建材中标等方面。

　　该案例的典型性在于：传统行业中的企业，如何加入到国家节能减排的可持续发展战略中？如何将企业社会责任与节能环保、与企业发展战略相互关联？如何创造多方共赢的共享价值，从而实现可持续发展？

附录5.1

松下电器的环境经营体系

2012 年，贾建锋等运用规范的案例研究方法，以日本松下电器为例，对"生产类企业环境经营体系"进行了较为系统的分析，最后得出的结论：生产型企业的环境经营体系包含两个层次，一是生产流通层面，具体包括绿色产品开发、绿色采购、绿色生产、绿色物流、绿色营销、废物回收再利用 6 个方面；二是管理支撑层面，主要包括目标战略、管理体系、环境会计、人才培养、环境交流 5 个方面。

研究指出：企业开展环境经营活动，必须要落实到生产流通的各个环节。例如，开展绿色设计，大力发展环境友好型产品，致力于向用户提供环境友好型产品和超值服务，向用户传导绿色消费理念；把绿色采购纳入日常管理，促进供应商实施环境管理体系认证；开展以消除和减少产品和服务对生态环境影响为中心的绿色市场营销活动，如逐步提高大型轮船和火车的运输比例，进一步降低物流过程的能源消耗，减少对环境的影响；关注自身生产过程的节能减排，加大投入力度，推进清洁生产工艺与节能环保最佳可用技术的应用等。

同时，管理支撑体系为生产流通每个环节实现绿色化而提供保障。具体体现在：①目标战略。在整体的环境经营战略目标框架下，应结合实际情况，确定各个经营环节的目标与方针。这不但彰显着企业的环境经营理念，更为环境经营工作的开展指明了方向。②人才培养。为环境经营的各个环节提供必要的培训、人才支持及人才后备力量的储备。③环境会计。负责对各个环节的环境绩效进行核算，评估企业整体及各个环节的运营状况。④环境交流。相关环境经营信息的汇总与对外公布，如环境报告书等形式。⑤管理体系。明确各部门间的权责分工及运营程式，为各个环节提供工作流程支持。

松下的环境经营方针能贯彻实施到每一个基层环节，有赖于其合理的环境经营管理支撑体系。我国企业在开展环境经营活动的过程中，应加强管理支持层面的建设，通过环境政策的制定、环境经营的监督和环境信息收集与交流等环节，使环境经营的开展有序进行，以支持先进的环境技术。

资料来源：贾建锋、柳森、杨洁等："透视环境经营——对松下电器产业株式会社的案例研究"，载《管理案例研究与评论》2012年第8期，第306～314页。

附录5.2

可持续消费行为的伦理学基础和法律意义

通常认为，因为环境恶化危及人类生存，所以人类在别无选择的情形下只能善待环境，包括选择有利于生态环境的消费方式。这种论证忽略了环境友好型的消费和可持续发展的经济增长模式本身对于人类可持续生存的内在价值。

我国学者俞金香、贾登勋从伦理学"人需为人"——理性的人类中心论和消费者正义论的角度，研究了消费者承担环境责任的必然性。研究认为，"既然人类是生物系统中一个重要而特殊的角色，人类对于地球上不可或缺的其他生物的尊重及对其负责任势为必然。第一，这是人类对社会网状结构中众多"他人"的道德义务和对生生不息的后代人类的必须道德义务；第二，这是人类对生物界非人类成员的必须道德义务"。这实际上指出了消费者个体在可持续发展社会建设中所应该承担环境责任这一法律义务的伦理学基础。工业革命以来逐渐形成的"大量生产——大量消费——大量废弃"的生产生活方式，是导致当前全球资源枯竭、废弃物过剩等最重要环境问题产生的重要因素。正如联合国环境奖得主、美国地球政策研究所所长莱斯特·布朗（Lest Brown）所说，"20 世纪中叶两种促进全球经济演变的观念逐渐出现，即把物品用完就立刻扔掉以及有计划地将用品废弃掉。此两种观念在美国、在二战后作为促进就业和经济增长的途径都被经济采用了，似乎物品扔的越快，损耗的越快，经济发展的就越快。"[1]。

消费正义的实质是"用人类整体理性反思人类消费行为，主张合理、正当、适度和可持续消费"[2]要求个体在消费行为中将个人利益结合社会利益进行考虑，从而实现生产、消费与生态保护的有机结合，并促进生产、消费、资源的可持续发展及循环利用，最终达致人与自然和谐相处的状态。

因此，对可持续消费行为的养成，不能只强调道德的自律性和伦理性，不应只是出于道德感召下的个别消费者的个别偶尔行为，消费者行为应该是受法律明确约束的一种义务。在当前大量不良消费行为此起彼伏、生态环境危机日益

---

〔1〕〔美〕莱斯特·R. 布朗：《生态经济：有利于地球的经济构想》，林自新等译，上海东方出版社 2002 年版，第 138 页。

〔2〕何建华："消费正义：生态文明视域下的消费正义探析"，载《中共杭州市委党校学报》2012 年第 1 期。

严重的情形下，消费正义从道德义务到法定义务的有效转化已成为必然应对。我国《宪法》第 14 条"国家厉行节约，反对浪费"的规定是消费者参与循环经济承担法律义务的基本依据。2009 年《循环经济促进法》第 10 条直接规定了公民的"合理消费"义务。虽然只是一条比较原则性的规定，但这也是从基本法角度对于消费者法律义务的直接规定。2013 年修订的《消费者权益保护法》在总则第 5 条中明确提出"国家倡导文明、健康、节约资源和保护环境的消费方式，反对浪费"。可以看到，消费正义从理论落实为实践，从道德义务上升为法律义务，在我国趋势初显。如果能够将道德规范法律化，使消费者道德义务中的一部分转化为法律义务，则可以为消费者的消费行为提供基本的法律准则与统一标准，法律调整手段的作用就可能被充分发挥出来，与道德调整互有长短、相得益彰。

资料来源：俞金香、贾登勋："论消费者参与循环经济的法律义务"，载《河南师范大学学报（哲学社会科学版）》2012 年第 11 期，第 124 ~ 128 页。

第6章
企业环境经营绩效评价

　　管理学大师彼得·德鲁克（Peter Deruk）曾经说过："你如果无法度量它，就无法管理它。"对于企业的环境经营也是如此。环境经营本身就是强调经济性与环境性两个纬度的相互结合，旨在突出既要发展经济，也要减少环境影响的双赢思想。因此，每个企业都会关注：实施环境经营战略的环境经营绩效、经济绩效和社会绩效究竟如何？这就需要对实施效果进行度量后才能进行评价。目前，从环境经营绩效的度量及评价来看，有非货币指标和货币指标两种。非货币指标，注重反映排放物（污染物）数量（通常以质量计）的变化，货币指标注重环境改善的经济表现。由于并非所有环境指标都可以货币化，所以这两种指标体系往往同时使用、相互补充，使环境绩效、经济绩效和社会绩效得以用数字化、可视化的形式来呈现，便于人们了解企业开展环境经营的实际效果。

6.1　环境效率

6.1.1　环境效率的内涵

从众多文献来看，环境效率的概念来自于对生态效率概念的解读，这两个概念都出现于 20 世纪 90 年代。1990 年斯恰特格尔（Schaltegger）等首次提出 eco - efficiency（生态效率）概念，指资源等投入所增加的价值与其所增加的环境影响之间的比值。[1]这一概念提出后，得到了世界可持续发展工商业联合会（WBCSD）的认可和推广，1992 年在题为《改变航向：一个关于发展与环境的全球商业观点》一书中，生态效率被其定义为："必须提供有价格竞争优势的、满足人类需求和保证生活质量的产品或服务，同时能逐步降低产品或服务生命周期中的生态影响和资源的消耗强度，其降低程度要与估算的地球承载力相一致。"[2]欧洲环境署（The European Environment Agency，EEA）认为生态效率是从更少的自然资源中获得更多的福利。可以看到，不同研究对生态效率的定义和解释的基本思想是一致的，即在追求价值最大化的同时，使资源消耗、污染和废物最小化；不同之处主要是对价值的解释。[3]生态效率的前缀 eco 既指经济业绩也指生态/环境业绩，将经济福利与

〔1〕Stefan Schaltegger, "Andreas Sturm. Ökologische Rationaliät", *Die Unternehmung*, 1990（Nr4/90），pp. 273～290.

〔2〕Björn Stigson, *Eco - efficiency：Creating more Value withless Impact*, WBCSD2000, pp. 5～36.

〔3〕许旭、金凤君、刘鹤："产业发展的资源环境效率研究进展"，载《地理科学进展》2010 年第 12 期。

环境质量互相联系起来。[1]正因为如此，一些学者也将生态效率译为环境效率，用生态效率性和经济效率性的组合来说明环境效率，以此来反映资源消耗与经济产出和环境影响的比值关系，这大大缩小了生态的内涵，使其可以适用于对企业环境经营绩效的评价。因此，本书也沿用这种理解，认为"环境效率是减少环境负荷的环境保护活动，从而将环境要素、资源投入量与谋求最大限度产出的经济活动结合起来，用更少的能源和资源投入，得到更多的产出，提高资源的生产效率；在减少环境负荷的同时，提高消费者价值，创造新的产品和服务"[2]。

6.1.2 环境效率的度量

如何表达环境效率？从对效率的度量来看，经济学常用的方法是投入产出比，即用生产要素投入的产出率来度量。那么，具体到环境效率应该如何度量产出与环境的关系？日本学者金原达夫将环境效率表示为产品或服务的价值与环境影响的比值，将产品或服务的价值理解为销售额、利润额、数量或其他附加价值；环境影响则理解为所消耗的资源（包括能源、水等）和所造成的环境负荷。比如：

环境效率＝销售额/资源投入量或环境负荷　　　（公式6.1）

其中的环境负荷包括：①温室气体的排出量；②化学物质的排出量变化；③废弃物的排出总量；④废弃物的最终处理量；⑤总排水量；等等。

---

〔1〕诸大建、邱寿丰："生态效率是循环经济的合适测度"，载《中国人口·资源与环境》2006年第5期。
〔2〕［日］金原达夫、金子慎治：《环境经营分析》，葛建华译，中国政法大学出版社2011年版，第61～65页。

这种关于环境效率的表达，既易于理解，也便于企业实际运用。在实践中，一些企业通常结合自身特点来理解环境效率。比如，日本京瓷的"环境效率"就是以综合表现价值与环境负荷两个指标来度量，即将产品与服务产生的价值作为分子、将伴随该价值的创造而产生的环境负荷作为分母；而"环境效率改善比"则是通过新产品与旧产品的环境效率的比率来表示，以此度量环境效率的改善程度。通过对这两项指标的评估，就可以了解企业在创造价值的同时，对减少环境负荷所做出的贡献，亦即企业的环境效率。该公司将"环境效率"和"环境效率改善比"作为产品开发时的评价指标来考察产品的环境友好程度，用低碳社会贡献比来计算企业环境经营对低碳社会建设的贡献。

$$低碳社会贡献比 = \frac{温室效应气体减排贡献度^{*1}}{温度效应气体排放量^{*2}} （公式 6.2）$$

该计算公式中：①假设生产、销售的太阳能发电系统连续发电 20 年，将其创造的能源换算成温室效应气体的值。换算所用的排放系数为 $0.360kg - CO_2/kWh$，这是根据日本太阳能发电协会"行业自主标识规则"来确定的。②京瓷集团生产基地的温室效应气体排放量。

表 6.1 是京瓷的低碳社会贡献比的年度变化表。它实际上反映的是企业生产、销售的太阳能发电系统所创造的清洁可再生能源投入使用，相当于减少了多少 CO_2 排放量。从数值看，其比值在逐年增大，当比值大于 1 时，意味着所产生利用的清洁能源已经超出企业所排放的温室气体，即抵消了企业所造成的以 CO_2 计量的环境负面影响。

表 6.1　京瓷低碳社会贡献比年度变化

年　度	2009	2010	2011	2012	2013	目　标
比　率	0.60	0.73	1.04	1.05	1.21	2020 年度：3.00

在企业界中使用非常广泛的 WBCSD 指标体系，是用分母表示资源投入量或环境负荷量如 CO_2 排放量、废弃物发生量等，用分子表示销售额或附加价值。它体现着用对更少的环境影响来创造更多价值的理念，表达了企业实施环境经营的目的。许多企业在其可持续发展报告书中，都将提高环境效率作为其可持续发展的目标之一，但由于计算环境效率的分子和分母，因各企业的环境理念或所提供的产品（服务）的不同而有所不同，这就对各企业的数据进行比较分析带来了难度。

日本学者国部克彦认为，企业的环境效率指标可以有以下三种表示方式：①附加价值/环境影响；②经常利润/环境影响；③环境对策成本/环境影响。

同时，国部克彦根据日本的情况，归纳了采用这三种表达式的数据来源，见表 6.2。

表 6.2　环境效率要素测算的要素构成

评价对象	分　子		分　母	
	指　标	数据来源	指　标	数据来源
国　家	GDP	SNA（国民经济账户）	伴随国家年度经济活动所产生的环境影响	LCIA 方法
企　业	企业附加价值	损益报表	伴随企业年度经济活动所产生的环境影响	企业环境报告书LCIA 方法

续表

评价对象	分子		分母	
	指　标	数据来源	指　标	数据来源
产品	产品附加价值	成本报表	产品售出为止所产生的环境影响	企业内部输入输出数据 LCIA 方法[1]

资料来源：国部克彦等：《环境经营会计》，葛建华等译，中国政法大学出版社 2014 年版，第 145 页，有修改。

日本东京电力公司在计算环境效率时，是以销售额为分子，综合考虑资源消费（输入）和环境负荷物质排放（输出）所造成的环境影响即环境负荷总量，并将其作为分母，相关内容可参见其公司网站公布的可持续发展报告。

环境影响即环境效率的分母，除了用 CO_2 排放量来表示外，也可参考采用其他数据，如表现物质使用强度、能源使用强度的数据等。

（1）减少商品和服务的物质使用强度（material intensity）。通过小型化、轻量化来减少商品生产过程的物质资源投入量；通过再利用和再资源化来削减废弃物排放量。例如，家庭号大包装商品以及简易包装等，都可以减少包装材料的投入量进而削减废弃物，还可因单位配送量的提高而降低物流配送过程中的能源消耗。

（2）减少商品或服务的能源使用强度（energy intensity）。例如，减少各类电器产品使用、待机过程中的耗电量、延长待机时间等都是相关企业的努力方向；物流运输多使用铁路运输等能源消耗和废弃物排放都较低的运输工具；减少商品使用过

---

〔1〕 LCIA，即 Life Cycle Impact Assessment，生命周期影响评价。

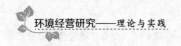

程的用水量，如洗衣机、汽车清洗等。

（3）减少有害物质扩散。其中包括两个方面：一是在产品生产过程中减少有害物质的使用，如遵守我国《电子信息产品污染控制管理办法》（2007），在电子产品生产中减少含有铅、汞、镉、六价铬、多溴二苯醚（PBB）、多溴联苯（PBDE）等原料的使用；二是减少产品在使用过程中的有害物质扩散，如不使用氯氟烃类（CIFCs）制冷剂，减少冰箱、空调使用过程中的排放物对大气中臭氧层的破坏。

（4）提高零部件和原材料的可再生利用率。一是在产品设计阶段就充分考虑其废弃时是否有利于再利用、再资源化或易于分解，以减少环境负荷，如各类包装容器的重复使用。二是在产品生产过程中考虑使用再生资源，如以太阳能为使用能源，在不影响质量的情况下选用由再生材料制成的原料或零部件等。

（5）提高产品使用寿命。这实际上是通过减少废弃来减少对资源的消耗和对环境的污染。因此，如何结合产品的自然寿命来考虑其经济寿命，如何通过提高标准化程度增强某些产品辅件的通用性等，都是企业环境经营的课题。比如各品牌手机充电器以及电脑、手机频繁更新换代所带来的旧产品的处理问题。

（6）提高服务的利用强度（sercice intensity）。通过共同利用和多功能化，都可以减少能源消耗和物质资源的使用强度，提高服务的环境效率。如将出售理疗仪器转变为提供理疗和健康指导服务，从而达到削减环境负荷的目的。

这些项目，集中体现在三个方面，即减少自然资源使用、减少环境影响和增加产品或服务的价值，通过产出指标与输入资源和产生的环境负荷之间的比较，来计算环境效率。

现实中，不同企业基于自身的产品，自创了适合企业的环境效率计算方法。

6.1.3　基于产品的环境效率计算——三菱电机

日本三菱电机公司是采用因子法来计算环境效率的。即将所评价的产品与基准产品进行比较，用其比值来表示环境效率状况。

$$因子 = \frac{\dfrac{评价制品的性能}{基准制品的性能}}{\dfrac{评价制品的环境负荷}{基准制品的环境负荷}} = 产品性能因子 × 环境负荷因子$$

其中，

环境负荷因子 A =（1/评价产品的环境负荷）/（1/基准产品的环境负荷）

产品性能因子 B =（评价产品的附加值）/（基准产品的附加价值）

环境影响是以资源、能源和环境风险物质为考察对象，将这三项分别与基准产品相比较，通过平方和的平方根计算出产品性能因子。

表 6.3　三菱电机洗衣机环境效率的因子计算

		环境负荷				产品性能
		M：资源有效活用	E：能源有效利用	T：所含环境风险物质		
基准产品	1990 年度 AW – A80V1	1	1	1	1.732	1

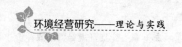

续表

		环境负荷				产品性能
		M: 资源有效活用	E: 能源有效利用	T: 所含环境风险物质		
评价产品	2004 年度 MAW – HD88X	0.72	0.34	0.00	0.797	1.62
	改善内容	资源消耗量削减 28%	产品能源消耗削减 66%	不使用铅		额定容量运行 1 个周期的时间由 63 分缩短为 39 分

资料来源：［日］国部克彦等：《环境经营会计》，葛建华等译，中国政法大学出版社 2014 年版，第 150 页。

以上计算中，将标准周期的运行时间作为基本性能（评价产品为 39 分，基准产品为 63 分），用两种产品运行时间的倒数求出产品性能因子（1.620）。这是三菱电机独创的环境影响（称为环境负荷因子）评价的计算方法，以 M（资源）、E（能源）和 T（环境风险物质）三个指标来考察被评价产品（2004 年度生产）相对于基准产品（1990 年度生产）的改善程度；以这些值的平方和的平方根（被评价产品 0.797，基准产品为 1.732）来算出综合的环境负荷因子（2.173）。最后，将环境负荷因子和产品性能因子相乘得出因子（3.52）。即：

$$因子 = A \times B = 2.173 \times 1.620 = 3.52$$

6.2　物质流成本法

6.2.1　物质流分析概述

物质流成本法是建立在物质流分析的基础之上，所遵循的基本定律是质量守恒定律。物质流分析认为，人类活动所产生的环境影响在很大程度上取决于在经济活动中使用的自然物质的数量与质量，以及在经济活动过程中排放到自然环境中的废弃物的数量和质量。物质流分析法从实物流动的角度考察某一经济系统中输入的物质质量及其在利用过程中的产出、废弃等，它以质量为计量单位，将一个完整的经济活动过程中不同类型物质的质量相加，即使没有进入现有经济核算系统中的物质也要被计量，以此来测度经济活动对资源的利用程度和对环境的影响。如此一来，通过研究物质在环境与经济系统之间的"输入——贮存——输出"的实物量变动，可以揭示物质在特定过程中的流动特征、转化效率和废弃状况，从而找出环境负荷的直接来源，由此为评价该特定过程的环境绩效提供依据。

20 世纪 90 年代初，工业生态观念的倡导推动了 MFA（物质流分析）的研究，[1]奥地利、日本和德国首先应用物质流分析方法对本国经济系统的自然资源和物质流动状况进行了分析，揭开了经济系统物质流分析方法在世界范围广泛应用的序幕。[2]

---

〔1〕 FdenHond, "Industrial Ecology a Review", *Regional Environmental Change*, 2000, 1 (2), pp. 60 ~ 69.

〔2〕 陈效逑等："中国经济系统的物质输入与输出分析"，载《北京大学学报（自然科学版）》2003 年第 4 期。

2001 年，欧洲环境署（European Environment Agency，EEA）运用物质流分析法对欧盟 15 国的物质流输入进行了统计分析，这是物质流研究第一次应用于区域经济系统。2001 年欧盟统计局（EURO STAT）出版了第一部关于经济系统物质流分析方法的著作，对全世界物质流的深入研究发挥了积极的引导作用。[1] 2005 年，薇兹（Weisz）和弗里多林（Fridolin）跨越国界，将欧盟 15 国视为一个经济系统，对其资源利用状况进行了物质流分析比较。[2] 丹麦环保局利用近 20 年来的数据，运用物质流分析方法对向环境中释放的有毒有害物质进行了源分析，以此作为废物管理法规和政策出台的重要依据。日本学者五十岚（Iga-rashi）等分析了日本不锈钢企业生产的动态物质流动，对日本在将来封闭式情况下不锈钢生产过程中排放的潜在减少量进行了评估。[3] 日本的研究表明，2000 年该国的直接物质投入量达21.3 亿吨，资源生产率达 28 万日元/吨（约折合人民币 19 600元/吨），循环利用率超过 10%；2000 年我国的直接物质投入量为 41.56 亿吨，资源生产率为 2152.7 元/吨，循环利用率为4.09%。与日本相比，2000 年我国的直接物质投入量是日本的1.95 倍，资源生产率和循环利用率分别是日本的 10.9% 和42%，有很大差距。由此也可以看出，物质流分析法在评价资源利用效率、环境效益等方面的重要意义。

我国对物质流分析法的研究应用主要始于 21 世纪初，研究

〔1〕EUROSTAT, "Economy – wide Material Flow Accounts and Derived Indicators", *A methodological Guide Statistical Offic of the European Union*, Luxembourg, 2001.

〔2〕Helga Weisz, Christof Amann, et al., "The Physical Economy of the European Union: Cross – country Comparison and Determinants of Material Consumption", http://www. elsevier. com/locate/ecolecon, 2006（12）.

〔3〕Igarashi, "Yumaetal Dynamicmaterial Flow Analysis for Stain Less Steelsin Japan and CO_2 Emissions Reduction Potential by Promotion of Closed Loop Recycling, Tetsu – To – Hagane", *Journa of the Iron and Steel Institute of Japan*, 2005, Vol. 91, No. 12, December, pp. 903 ~ 909.

内容围绕国家层面、区域层面和企业层面。陈效述等利用物质流的理论和方法分析了 1989～1996 年我国经济系统的物质需求总量、物质消耗强度和物质生产力。在上述分析的基础上，以我国目前的物质生产力为起始点，提出了到 2025 年和 2050 年将资源利用效率分别提高 4 倍和 10 倍的中、长期目标，以便与全球可持续发展对资源消耗的总控制目标相适应。[1]徐明、张天柱对中国经济系统中化石燃料进行了物质流分析，[2]刘滨等以物流分析方法为基础核算了我国循环经济主要指标，[3]彭建等将物质流分析方法应用于区域可持续发展生态评估体系，[4]徐一剑等运用物质流分析对贵阳市的经济增长方式进行了初步分析，[5]孟民等根据物质流、能量流、信息流等构建了吉林省生态经济城市的评价指标体系；[6]陈永梅、张天柱基于物质流分析方法，对北京 1990～2002 年新建和拆除的住宅建筑的物质流进行了分析并对 2010 年北京市住宅建筑的物质流进行了估计，揭示了北京市住宅建设活动的物质消耗现状和对环境的潜在压力，提出了改进建材的生产工艺，加强建筑垃圾的再循环利用，以减少能源消耗，促进住宅建设的可持续发展[7]；清华大学

---

〔1〕陈效述、乔立佳："中国经济——环境系统的物质流分析"载《自然资源学报》2000 年第 1 期。

〔2〕徐明、张天柱："中国经济系统中化石燃料的物质流分析"，载《清华大学学报》（自然科学版）2004 年第 9 期。

〔3〕刘滨、向辉、王苏亮："以物质流分析方法为基础核算我国循环经济主要指标"，载《中国人口·资源与环境》2006 年第 4 期。

〔4〕彭建、王仰麟、吴健生："区域可持续发展生态评估的物质流分析研究进展与展望"，载《资源科学》2006 第 6 期。

〔5〕徐一剑等："贵阳市物质流分析"，载《清华大学学报》（自然科学版）2004 年第 12 期。

〔6〕孟民等："吉林省生态经济城市评价指标体系的建立及应用"，载《东北师大学报》（自然科学版）2008 年第 2 期。

〔7〕陈永梅、张天柱："北京住宅建设活动的物质流分析"，载《建筑科学与工程学报》2005 年第 3 期。

刘毅、陈吉宁以磷元素为例，运用物质流分析方法建立了2000 年全国水平上的静态磷物质流分析模型（PHOSFLOW），并对我国磷循环系统的结构特征与物质利用效率特征进行了系统识别，其结果表明我国磷循环系统在整体上呈较为典型的单向、开放式物质流结构。[1]总之，MFA 方法作为衡量可持续发展水平的新型工具，已在发达国家和相关国际组织中得到迅速运用，并逐步与环境管理会计相结合，成为评价各个层面环境绩效的有效工具。同时，由于 MFA 使用的是国际通用的计量标准，这也使得我国现行的统计指标和方法可以较好地满足MFA 对相关数据的要求。目前，MFA 方法已逐渐成为研究经济发展与环境压力的关系、促进经济系统可持续发展的热点领域。

在物质流分析中，通过对各种形态实物的计量，可以掌握企业对物质的使用和所产生的环境负荷，但这种方法因为采用质量计量，难以从货币层面反映企业与环境之间的关系的经济价值，因而也较难引起人们对资源转化效率和环境损害的关注。20 世纪 90 年代，德国奥格斯堡大学（Universitat Augsburg）瓦格纳教授领导的环境经营研究小组，在研究生态效率的物质流平衡框架中追加了会计的成本信息，试图将"环境——经济系统"之间的输入与输出信息转换成财务术语，以便符合人们进行价值核算时的语言和逻辑——即货币化的表现，进而指导企业的经营管理决策。这就意味着在计量物质质量时，既要关注资源投入和产品产出的成本核算，也要关注废弃物的成本；因为企业如果能够削减废弃物的数量，就能够同时达到削减环境负荷和降低生产成本的目的，一举两得。如此，以"投入——产

---

〔1〕刘毅、陈吉宁："中国磷循环系统的物质流分析"，载《中国环境科学》2006 年第2 期。

出"分析为基本分析思路的对物质流的货币化分析，就在企业提高经济效益与减少环境负荷之间建立起了联系，构建起了物质流成本会计的雏形。

6.2.2 物质流成本会计

物质流成本会计（Material Flow Cost Accounting，MFCA）是对生产过程中物质流的存量和流量进行切实监控，并计算其金额和重量，再乘以相应物质的单价来计算整个过程的成本；它将一直被忽视的各种废弃物等作为"负产品"来计算并进行经济评价，使废弃物削减与环境保护、降低成本相互连结，使生产过程的经济性、环境性相互连结，为企业提高资源效率、减少环境负荷发挥货币化的计量作用。

物质流成本会计起源于德国，在日本得到了很好的推广和运用。2003年，为了满足企业实施MFCA的需要，德国联邦环境部和联邦环境局（German Federal Environmental Ministry and Federal Environmental Agency）联合编辑出版了《环境成本管理指南》，2004年德国环境部下设的环境司公开发表了《环境成本管理入门》，其中介绍了物质流成本会计的主要方法，并在多个企业进行试点运用。日本从1999年起开始推动企业的环境会计，并在2002年出版的《环境管理会计工作薄》中将物质流成本会计确定为环境管理会计的有效方法。同年，日本的中岛道靖和国部克彦联合出版了《物质流成本会计——环境管理会计革新的方法》，对MFCA的基本原理、应用效果及其有效的利用方法等进行了阐述，书中还引进日本企业实施MFCA取得成效的实例。该书是日本第一本关于MFCA研究的入门书，书中内容也为我国很多学者所引用。日本资源匮乏，又经历过20世纪六七十年代的公害高发时期，无论是公众、

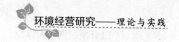

政府还是企业，对提高资源利用率和最大限度地减少环境污染都有着迫切的要求。因此，日本政府、高校等科研机构和民间如日本能率协会，都对物质流成本会计在日本的推广做了大量普及性工作，被很多日本企业所采用。为企业节约资源、降低环境负荷等，提高企业经济和环境业绩等方面发挥了较好的作用。

早在 2001 年，MFCA 已被作为一项重要的环境管理技术引入到联合国的《环境管理会计业务手册》和国际会计师联合会2005 年的《环境管理会计国际指南》中。经过 10 多年的实践检验和研究深化，MFCA 不断被修正、丰富、完善。为了使 MFCA更便于各国企业在实践中运用，国际标准化组织 ISO 技术委员会 TC 207 所辖的工作组，对 MFCA 进行了标准化开发工作，并于2011 年 12 月推出了《ISO 14051 环境管理——物流成本会计——一般原则和框架》（Environmental Management—Material Flow Cost Accounting—General Principles and Framework）。作为一种对物质流及其成本细致透明化的新方法，MFCA 可以应用于所有使用物料和能源的生产企业和服务性组织。它不仅可以提高有关物料使用数据的质量，促使相关信息的识别和透明化，还可以明确企业生产活动中低效率的生产线和生产过程，以此来推动和支持企业改进物料和能源使用效率，以提高环境绩效和经济绩效。

物质流成本会计所考察的基本单元是物量中心（某个生产过程），考察对象是物量中心输入的全部"流动的"和"贮存的"物质，包括原材料、辅料、零部件等，对其均以质量单位和货币单位表达。物量中心的目标产品被称为"正产品"（positive product），没能成为正产品的废弃物被称为"负产品"（negative product），被视为制造过程中的损失，其相关成本被视为"负产品成本"（negative product cost），表示由于物质损失而引起的经济损失（见图 6.1）。

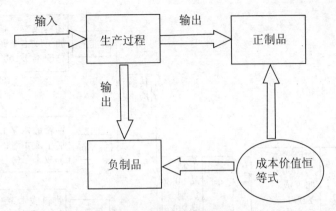

图 6.1　MFCA 概念图

物质流成本会计的本质特征是用金额对废弃物的价值进行评价，与废弃物相关的加工费、时间消耗等的分配比例也和产品采用相同的成本计算，以说明废弃物同样消耗的劳动力、设备、资源等，这就使得在传统产品成本核算中被淹没的废弃物成本透明化、准确化，能够更真实地反映产品成本的构成，既可以为经营者降低成本提供指导，也可为经营者减少废弃物提供利益动机；使人们充分认识到削减废弃物所带来的提高经济效益、降低环境污染的双重效果，这也是物质流成本会计的本质特征，见图 6.2。

物质流成本会计包含三个要件，一是成本划分，它将企业的成本分为三类：①材料成本；②系统成本；③废弃物配送、处理成本。二是物质——数据流程图，如图 6.2 中的上半部分。三是流量成本矩阵，即对物质流图与成本数据的综合表达，见表 6.4。企业可根据"流量成本矩阵"了解废弃物所带来的经济损失（或废弃物的经济性），根据"物质——数据流程图"则可以明确损失发生在哪个环节。

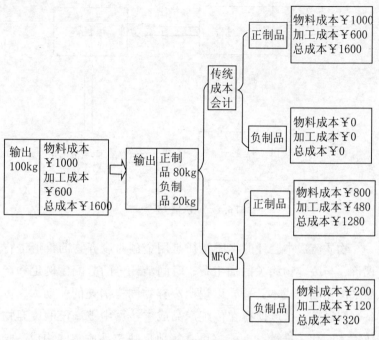

图 6.2　物质流成本会计与传统会计的比较

表 6.4　流量成本矩阵

单位：元

生产成本	原材料成本	系统成本	废弃物配送处理成本	合　计
产品 包装 原材料浪费				
合　计				

资料来源：〔日〕国部克彦等：《环境经营会计》，葛建华等译，中国政法大学出版社 2014 年版，第 54 页。

在企业的环境管理会计体系中，MFCA 是最基础的，处于加工层次，它提供了信息平台，属于信息供给系统；其次是生命周期成本等的产品层次；最高级的是支持环境管理决策的一系列程序。[1]正是因为它的基础性，国际标准化组织将 MFCA 作为环境管理会计的主要方法，并于 2011 年提出了《ISO 14051环境管理——物流成本会计——一般原则和框架》，建立起 MF-CA 实施的国际通行标准。这也为我国企业在环境经营实施中的管理改善，提供了努力方向。这也是我国企业在国际化过程中需要补充的内容。

　　为了评价企业的环境经营绩效，就必须重新认识企业成本。显然，只考虑传统意义上企业内部成本还不够，还必须考虑环境成本。广义的环境成本包含七个方面（参见图 6.3），即环境保护成本；原材料费用、能源费用；用于废弃物分类、处理的费用；用于产品处理的费用；产品使用时产生的能源费用；产品废弃、再利用时产生的费用；作为环境负荷的社会成本。其中，一部分是已经可以内部化的企业成本，另一部分是尚属于外部化的社会成本。如何将由于企业行为而产生的社会成本内部化并反映在企业财务报表，一直是近年来活跃的研究领域。

　　评价企业环境经营绩效的方法还有多种。2002 年日本经济产业省公布的《环境管理会计方法工作簿》中提到 6 种方法，即物质流成本会计、生命周期成本、环境友好型设备投资决策、环境友好型成本规划、环境预算矩阵和环境友好型绩效评价，读者可参考相关书籍，此处不再赘述。

---

〔1〕 罗喜英、肖序："ISO14051 物流成本会计国际标准发展及意义"，载《标准科学》2009 年第 7 期。

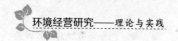

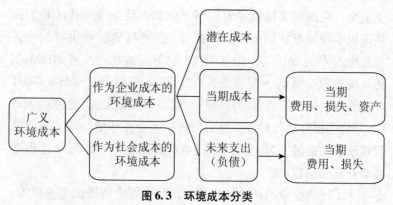

图 6.3 环境成本分类

资料来源：国部克彦等：《环境经营会计》，葛建华等译，中国政法大学出版社
2014 年版，第 220 页。

6.3 外部环境会计与资本市场

物质流成本法是基于企业内部管理而采用的会计方法，环境效率反映的是企业的价值产出与其所产生的环境负荷之间的关系。如何度量企业的价值产出已有国际标准，但环境负荷如何度量则因企业的理解而有所不同。这些信息既影响着企业内部管理的改善，也影响着外部如市场、利用相关者、用户等对企业的评价。因此，为了使消费者、股东、投资者等能够充分理解企业环境经营的经济价值，相关会计信息披露必不可少。

6.3.1 外部环境会计

外部环境会计是指企业以对外的信息披露为目的的环境会计。这类环境会计没有法律规定的、具有强制力的规范标准，而是企业根据自身特点进行会计信息披露。例如，有的日本企业将环境保护的费用作为环境保护成本，而有的德国企业将物质输入、输出的物量数值称为"生态平衡"。这些会计信息，大多通过企业的环境报告书进行披露，或在企业年报中备注。其目的是向利益相关者说明企业对环境问题采取了哪些方法和措施，用于环境经营的资金是多少，取得了怎样的成效以及对企业经济利益产生的影响，等等。这些信息以财务数据的形式说明着企业如何履行环境责任及其所取得的成效，包括正数和负数。随着环境危机的加深和民众环境意识的增强，公众对企业环境行为关注和要求企业公开披露其信息的呼声越来越高。在日本、德国等发达国家，一些民众已开始自觉抵制环保业绩差的公司的产品或抵制其融资行为，对企业的投资价值提出疑问，甚至将其列入"不良"之列，这对企业的融资和未来发展都会带来很大影响。因此，很多企业尤其是上市公司，为了表明所履行的环境责任，避免投资者在信息缺乏的情况下对企业做出不利的猜测，都愿意公开更多的环境信息。

我国目前尚没有形成完整的外部环境会计制度，在编制环境报告方面，也没有实质性的规定，通常是参考国外的相关规则。日本环境省 1999 年公布了《关于环境保护成本的把握及公开的指南（中期报告）》，2000 年公布了《环境会计导入指南》，并于 2002 年和 2005 年分别对其进行了两次修订，更名为《环境会计指南》。该指南从社会利益角度计量和披露企业经营活动对环境的影响，揭示有关环境资源的耗用情况、环境污染程度、治理状况，既能为决策者提供相关信息，也能够促进资源的合理配置、提高社会整体效益、改善环境状况。

在《环境会计指南》中，构成环境会计的三个要素分别是"环境保护成本"、"环境保护效果"和"环境保护对策所产生的经济效益"。其中，环境保护成本和经济效果用货币单位计量，环境保护效果用物量单位计量。指南中，以表格形式对环境保护成本和环境保护效果进行了解读[1]，见表6.5、6.6。

表 6.5　环境保护成本

分　类		主要措施	投资额	费用额
(1) 业务成本				
明细	(1)-1 公害防止成本			
	(1)-2 地球环境保护成本			
	(1)-3 资源循环成本			
(2) 上、下游成本				
(3) 管理活动成本				
(4) 研究开发成本				
(5) 社会活动成本				
(6) 环境损害应对成本				
合　计				

表 6.6　环境保护效果

环境保护效果的分类	环境绩效指标（单位）	前期（基准期）	当　期	与基准期的差（环境保护效果）
业务活动中投入的与资源相关的环境保护效果	总能源投入量（J）			
	不同种类的能源投入量（J）			
	特定管理物质投入量（t）			
	循环资源投入量（t）			

---

〔1〕〔日〕国部克彦等：《环境经营会计》，葛建华等译，中国政法大学出版社2014年版，第9章。

环境保护效果的分类	环境绩效指标（单位）	前期（基准期）	当　期	与基准期的差（环境保护效果）
	水资源投入量（t）			
	不同水源水资源投入量（t）			
	……			
与业务活动中的环境负荷及废弃物相关的环境保护效果	温室气体排放量（t‑CO_2）			
	不同种类或不同过程的温室气体排放量（t‑CO_2）			
	特定化学物质排放量/移动量（t‑CO_2）			
	废弃物等的总排放量（t）			
	废弃物最终处理量（t）			
	总排水量（m^3）			
	水质（BOD、COD）（mg/l）			
	NO_2、SO_2排放量（t）			
	恶臭（最大浓度）（mg/l）			
	……			

续表

环境保护效果的分类	环境绩效指标（单位）	前期（基准期）	当　期	与基准期的差（环境保护效果）
与业务活动的产出及服务相关的环境保护效果	使用时的能源使用量（J）			
	使用时的环境负荷物排出量（t）			
	废弃时的环境负荷物排出量（t）			
	使用后的产品回收、容器及包装的循环使用（t）			
	容器包装使用量（t）			
	……			
	运输所产生的环境负荷物排放量（t）			
	产品、材料等的运输量（t、km）			
	土壤污染面积、量（m^2、m^3）			
	噪音（dB）			
	振动（dB）			
	……			

通过这些关于企业环境经营实施和绩效评价的信息披露，有助于政府环境保护部门和民间环保组织了解环境污染情况和环境保护业绩，便于对未来的环境保护措施和规划做出合适的安排。投资者也可以据此做出相应的投资决策，如银行等金融机构就可以用这些数据来分析企业由环境问题可能引发的潜在负债、风险以及收益；环保意识强的消费者则可以据此来决定自己的购买行为。

6.3.2　绿色金融

通常，就企业环境对策的当期投资而言，环境经营绩效的显现一般都有 1~2 年或更长时间的滞后期。因此，如果没有来自市场和社会的认可，企业的环境经营将难以持续，其环境经营经济、环境绩效和社会绩效也难以展现。如企业为了减排温室气体而导入新的节能技术，为降低环境负荷而使用价格较高的新材料等等。这些因环境经营而追加的成本，将部分表现为企业收益的减少或产品价格的提高。显然，这些都需要得到消费者、股东和其他投资者的理解与支持，尤其是来自资本市场的风险分担和认可。

绿色金融是对为适应环境经营与可持续发展，在资本市场中应运而生的各种金融工具的总称，通常有绿色信贷、绿色证券和绿色保险三大内容，涵盖了生态金融、碳金融、气候金融、环境金融、新能源金融，等等。1974 年联邦德国成立的世界第一家专注于社会和生态业务的"道德银行"（GLS Bank），该银行为一般金融机构不愿受理的环境项目提供优惠贷款服务，这可以认为是绿色金融的源起。所以，绿色金融是指金融机构在业务操作过程中充分考虑环境影响评估和保护标准，既履行金融机构的可持续责任，同时也要考虑因环境问题固有的不确定性所带来的金融风险，并设法规避这些风险。《美国传统词典》第四版将绿色金融称之为"环境金融"（Environmental Finance）或"可持续融资"（Sustainable Financing），认为绿色金融是研究如何使用多样化的金融工具来保护生态环境及保护生态多样性，达到环境保护和经济发展的协调，从而实现可持续发展。

在具体内容上，绿色金融表现为金融业在贷款政策、贷款对象、贷款条件、贷款种类和方式上，将环境友好产业作为重点扶持项目，从信贷投放方向、投放量、期限及利率等方面都给予第一优先和倾斜的政策[1]；它以市场为基础，以改善环境质量、转移环境风险为目的[2]。这些认识从本质上来讲，就是将企业的环境风险和环境绩效纳入金融体系，利用市场机制将外部性的环境污染与环境收益内部化。这既可以在企业融资前就充分评估该融资项目的环境风险，进而决定是否提供融资及其他金融服务；也可以使企业因为有可以预期的、好的环境经营绩效而获得优惠融资，得到发展所需要的资金。如加拿大银行的清洁空气汽车贷款、澳大利亚银行向低排放车型提供的优惠利率贷款、英国巴克莱银行向信用卡用户购买绿色产品和服务时所提供的折扣和较低利率。[3][4]

2003 年以民间大型金融机构为中心的世界银行集团的国际金融公司（IFC）公布了"赤道原则"，要求金融机构在投资项目时，应对该项目可能的环境影响和社会影响进行综合评估，并且利用金融杠杆促进项目在环境保护以及融入当地社会是和

---

〔1〕和秀星："实施'绿色金融'政策是金融业面向 21 世纪的战略选择"，载《南京金专学报》1998 年第 4 期。

〔2〕Labatt S., White R., *Environmental Finance: A Guide to Environmental Risk Assessment and Financial Products*, Canada: John Wiley & Sons Inc., 2002, pp. 15～31.

〔3〕冷静："绿色金融发展的国际经验与中国实践"，载《时代金融》2010 年第 8 期。

〔4〕蔡玉平、张元鹏："绿色金融体系的构建：问题及解决途径"，载《金融理论与实践》2014 年第 9 期。

谐发展方面发挥积极作用。特别是针对低收入国的项目，更应该遵循指南评级，并明确针对相关负面影响的排除、削减、缓解等措施。例如奥地利中央合作银行为埃及的 Abu Qir Fertiliser Co 氮酸厂融资，使其得以安装使用新的尾气处理装置，每年可减少超过 99% 的二氧化氮，相当于降低约 1400 万吨的二氧化碳排放，这也是世界上第一个通过销售减排证书而获取现金流的项目。该项目的发展商还承诺从该项目的运营收入中拨出 3% 资助社会基金，用于 Abu Qir 地区的学校、医院和基础设施等可持续发展项目，奥地利中央合作银行因该项目获得了"2006 年度碳融资成就"金奖。这种绿色金融，不仅为银行带来了效益，还实现了环境保护、节能减排，改进并增加了当地社区和居民的福利。

在我国，当时的国家环保总局在 2005 年开始在全国推行企业环境行为评价，评判结果分为很好、好、一般、差、很差五个等级，依次以绿色、蓝色、黄色、红色、黑色标示，评价结果将被纳入社会信用体系建设。对于环境行为评价结果连续两年为绿色的企业，可优先安排环保专项资金项目、清洁生产示范项目、循环经济试点项目，申请上市或再融资的，可免除环保核查；对于环境行为评价结果为红色和黑色的企业要实行限期治理；连续两次以上评价结果为黑色的企业，应责令其停产整治，仍然达不到环保要求的，应报请同级人民政府实施关闭。2008 年 2 月，国家环境保护总局联合中国证券监督管理委员会等部门在绿色信贷、绿色保险的基础上，又推出一项新的绿色金融项目——绿色证券。在《关于加强上市公司环境保护监督管理工作的指导意见》（绿色证券指导意见）中，国家环保总局要求公司申请首发上市或再融资时，将强制性进行环保审核，包括上市环保核查、上市公司环境信息披露和上市公司环境绩效评估；旨在规范和促进上市公司加强资源节约、污染治理和生态保护，有效限制高耗能、重污染企业的排污行为。这就从直接融资的角度限制了污染，从资金源头上遏制"双高"企业的无序扩张，有极强的示范效应和引导效应，有力促进了金融市场和环境的双向互动发展。

近年来，随着我国资源环境状况日益恶化、生态文明建设上升为国家战略，节能环保市场需求旺盛，"节能环保产业产值年均增速在 15% 以上，到 2015 年，总产值达到 4.5 万亿元，成为国民经济新的支柱产业"[1]。未来几年，全国对绿色投资的需求估计达每年两万亿人民币，相关投入虽可望成为新的经济增长点，但又较难产生"立竿见影"的收益，面临严重的供给或投资短缺。这就为绿色金融的兴起和创新提供了契机，各种绿色金融产品也应运而生，见表 6.7。

表 6.7　碳金融创新产品

时　　间	试　点	产品	内　　容
2014 年 5 月 12 日	深　圳	CCER 碳债券	国内首个碳债券"中广核风电附加碳收益中期票据"发行。
2014 年 9 月 9 日	湖　北	碳配额质押贷款	实现国内首笔碳配额质押贷款，宣化集团利用碳排放配额获得兴业银行 4000 万元质押贷款。
2014 年 10 月 11 日	深　圳	碳基金	国内首支碳基金"嘉碳开元基金"成立。

---

〔1〕 数据来源：2013 年国务院《关于加快发展节能环保产业的意见》。

续表

时　间	试　点	产　品	内　　容
2014 年 11 月 26 日	湖　北	碳基金	国内首支在证监会备案的碳基金"诺安资管 – 创赢 1 号碳排权专项资产管理计划"成立,首批规模 3000 万元。
2014 年 11 月 26 日	湖　北	碳配额质押贷款	为配额质押和固定资产质押混合,总额 4 亿元质押贷款协议。
2014 年 11 月 26 日	湖　北	碳债券	为目前国内规模最大碳债券,签署 20 亿元碳债券意向合作协议。
2014 年 11 月 26 日	深　圳	绿色结构性存款	国内首笔绿色结构性存款。
2014 年 12 月 3 日	深　圳	碳配额托管	设立国内首个公开经交易所认证的托管机构。
2014 年 12 月 8 日	湖　北	碳配额托管	完成国内首笔配额托管业务。
2014 年 12 月 11 日	上　海	CCER 质押贷款	签署国内首笔 CCER 质押贷款协议。
2014 年 12 月 30 日	北　京	碳配额回购融资	完成国内首笔碳排放配额回购融资协议,融资总规模 1330 万元。
2015 年 2 月 17 日	广　东	碳排放权质押融资	实现了碳资产质押品的标准化管理,填补国内金融机构对碳资产管理融资支持的空白。
2015 年 3 月 16 日	–	碳信托	中建投信托发布《中建投信托·涌泉 1 号集合资金信托计划》,投资于碳排放权交易的金融产品。

资料来源:杨强:"看看中国如火如荼的碳金融创新那点事",载中创碳投碳讯。

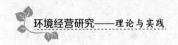

不难看到，无论是哪种绿色金融产品，都需要对企业的环境状况和环境经营绩效进行评价，这不仅有利于企业加强内部管理实现利润增长，也有利于企业得到市场、消费者和利益相关者的认可，获得发展所需要的资金和企业外部的支持。

随着生态文明建设国家战略的积极推进，我国绿色金融业正在进入繁荣时期。张伟指出[1]，我国的绿色金融正处于迅速发展的黄金时期，即将迎来 3.0 时代。其中，绿色金融 1.0，是指绿色金融的起步阶段，只有少量金融机构向环境污染治理项目提供融资服务。绿色金融 2.0，是指绿色金融的规模扩张阶段，多元化服务格局逐渐形成，绿色金融逐步扩大业务范围，更多工业企业的污染治理项目得到融资支持。绿色金融 3.0，是指绿色金融的提质增效阶段，规模扩张不再是绿色金融唯一的发展目标，提质增效成为金融机构关注的重点。

6.3.3　案例研究：寓义于利——兴业银行的绿色金融

（1）背景资料。兴业银行是我国首家正式对外公开承诺采纳赤道原则的"赤道银行"。在由英国《金融时报》和 IFC 在伦敦联合举办的 2007 年度"可持续银行奖"的评选活动中，兴业银行获得"新兴市场可持续银行奖"和"可持续交易奖"两项提名，并荣获"可持续交易奖"亚军，成为我国目前惟一获此殊荣的金融机构。2008 年 7 月，在由《经济观察报》主办的"2007 年度中国最佳银行评选"活动中，兴业银行荣获"绿色银行创新奖"，这是中国国内首个关于绿色银行和绿色金融的奖项，对推动银行等金融机构参与环境保护具有开拓性的意义。

---

〔1〕张伟："绿色金融将迎来 3.0 时代"，载中国金融网，http://www.financeun.com/News/2015416/2013cfn/10859083100.shtml.

（2）核证减排量（CER）的金融化[1]：梅州二期垃圾填埋场项目的融资。这是兴业银行成功扶持的一个环保项目。[2]

深圳相控科技是成立于 2001 年的民营专业能源管理公司，拥有先进的 3R 垃圾循环处理技术，适用于垃圾填埋场的发电与后期环境综合治理。该公司是典型的"轻资产"型公司，成立时间短，资产规模小，经营收入少，资产负债率高，缺乏可供抵押的固定资产。由于企业自有资金不足，公司计划建设的梅州二期垃圾填埋场项目的融资，在与多家银行接洽后均告失败。

兴业银行的信贷人员对相控科技进行实地考察后发现：相控公司梅州一期垃圾填埋场项目的碳减排交易合同虽已核证完毕，但仍处于联合国公示确认阶段，公司尚未收到买方奥地利政府支付的款项。此外，相控科技需要每年对碳减排交易合同核证一次，也就是说每年只能实现一次交易收入，在还款时间上很难匹配，信贷风险很大。经过深入了解，反复沟通，审慎权衡，兴业银行最终认定相控科技从事的项目具有良好的社会效益，是典型的节能减排项目，具有成长快、现金流好等特点，将产生显著的社会效应和良好的经济效益，这与兴业一直倡导推动的绿色金融理念完全契合。

根据相控科技的现金流特征，兴业银行创新性地设计了贷还款模式。一方面，银行对梅州垃圾填埋场沼气产气量曲线模型进行了推算，结果显示，未来 3 年梅州垃圾填埋场均处于产气量的上升期，这就意味着公司在贷款期间的核证减排量

---

〔1〕核证减排量，简称 CER（Certified Emission Reduction），是清洁发展机制（CDM）中的特定术语。是指一单位，符合清洁发展机制原则及要求，且联合国执行理事会会议（EB）签发的 CDM 或 PoAs（规划类）项目的减排量，一单位 CER 等同于一公吨的二氧化碳当量，计算 CER 时采用全球变暖潜力系数（GWP）值，把非二氧化碳气体的温室效应转化为等同效应的二氧化碳量。

〔2〕以下参考：绿色金融在中国，载 http://bank.hexun.com/2009 – 08 – 13/120516126.html.

（CER）将只会不断增多，不会减少。另一方面，由于交易的买方是奥地利政府，监督机构是联合国，违约将涉及政府信用问题，且奥地利迫切存在减排义务压力，因此出现交易款项支付的信用风险可能性极小。这两方面都确保了 CER 交易收入的稳定。此外，我国《可再生能源法》规定，可再生能源发出的电力，政府必须以优惠的价格优先收购上网。

在确信相控科技未来收益预期可观后，兴业银行根据其现金流特点确定了按月付息、逐年还本金的还贷方式，促成了一笔三年期总额 750 万元的贷款，该项目的实施可实现减排二氧化碳约 16 万吨。如今，相控科技已在国内七八个城市拥有十几个项目，成为国内从事减少碳排放新能源企业的先锋之一。

（3）案例点评。绿色金融的实施过程总是艰难挑战与独特创新并存。对于兴业银行来说，梅州二期垃圾填埋项目是一次具有开创性的尝试。通过该项目，兴业成功探索出以 CER 收入作为还款来源的碳金融模式，为今后持续推动节能减排项目的创新信贷流程和风险管理积累了宝贵经验；也充分彰显了兴业银行对企业社会责任的理解与实践，即"寓义于利"——将社会责任与银行自身业务相结合，并将其落实到经营管理的具体环节，在履行社会责任中寻找商机，为社会可持续发展与企业盈利共赢的商业模式，进行了有益的探索。它不仅要求银行遵循市场准则，通过提供卓越的金融产品和服务来发挥影响力，支持社会、经济、环境的可持续发展；也要求企业将社会责任元素植入银行的商业行为，使银行在开展业务的过程中能达成履行社会责任的目标，从而推动社会、企业、银行等各方的可持续发展。

除了相控的 CER 减排融资模式，兴业银行还先后开发并成功运作了其他 6 种节能减排融资模式，具体包括节能减排企业直接融资模式、EMC（节能服务商）模式、节能减排买方信贷模式、节能减排设备制造商增产信贷模式、融资租赁公司模式和公用事业服务商模式等。如今，企业面临的竞争环境和竞争规则都发生了深刻的变化，单纯的市场竞争已经转变为内涵更丰富的竞争。兴业银行奉行寓义于利的绿色金融，既能够更好地利用自身的专业优势和资源优势服务于社会，又能够更好地塑造自身竞争优势，实现企业与社会的双赢。而这种企业与社会共享价值的创造，正是企业社会责任的本质所在。

截至 2008 年 9 月，兴业银行已向中国企业提供了约 28 亿元人民币的节能减排项目贷款，这些融资支持的项目每年可节约标准煤 335.47 万吨，每年可减排二氧化碳 1082.18 万吨；所发放的节能减排项目贷款的不良贷款率为零。截至 2009 年 3 月末，兴业银行资产总额达 10 972 亿元，比年初增长 763 亿元，增幅 7.48%；各项贷款总额为 5754 亿元，比年初增长 854 亿元，增长 17.18%；不良贷款率仅为 0.72%。

从这些业绩可以看出：绿色金融对企业环境经营的促进不可小觑。它有效地促进了企业、银行、社会三方受益，具有良好的环境绩效和社会影响。

附录6.1

PPP 模式解读：成都市祥福生活垃圾焚烧发电项目

成都市人民政府为处理城市生活垃圾，以公开招标方式选择项目法人。通过招标、投标，中国节能环保集团下属公司——中国环境保护公司中标，组建项目公司——成都中节能再生能源有限公司负责项目的投资、建设、营运，总投资为 8.6 亿元。

根据签约内容，在 25 年内，该公司获得处理成都 1/4 垃圾的特许经营权。到期后，无偿移交给政府。即 BOT（Build－Operate－Transfer，即建设—运营—移交）模式，其融资特点表现为以下几个方面。

（1）政府：一次投入变分期。按照以往公共基础设施全部由政府投资兴建的模式，政府财政需要一次性投资 8.6 亿元以上。但现在通过 PPP 方式，投资资金由企业出资，减轻了政府当期财政压力。政府随后分期购买企业的服务。如按照每处理 1 吨垃圾支付一定补贴费的方式购买垃圾处理服务；同时，垃圾焚烧发电上网，国家给予一定的电价补贴购买其所发电能。

（2）企业：利润微薄但稳定。与许多投资期短、获利迅速的行业不同，社会资本参与公共基础设施建设的 PPP 模式带给企业的利润较薄，但比较持续、稳定。企业的收入来源是政府购买服务，比如处理每吨垃圾的收入；把焚烧发的电卖给电网的收入；销售项目运行中产生的热力、经过综合利用后的灰渣以及提供相关技术咨询服务等。

在此案例中，承接项目的公司——中国环境保护公司根据协议，对垃圾进行无害化、减量化、资源化处理，达到各种环保指标。如果未达到要求，政府可以视为违约，予以处罚，直至解除特许经营合同。

（3）社会：获得服务更专业。如果政府出资建一个垃圾焚烧项目，需要成立专业的团队来负责。而通过 PPP 方式让企业建设、运营，政府只需确定原则、要求并履行监管职责，具体项目都由专业化的企业来负责。同时，市场化本身就有竞争压力，企业可以提供更专业、更有质量的服务。

作为绿色金融的一种形式，PPP 模式即 Public—Private—Partnership 的字母缩写，是指政府与私人组织之间，为了合作建设城市基础设施项目，或是为了提供某种公共物品和服务，以特许权协议为基础，彼此之间形成一种伙伴式的合作关系，并通过签署合同来明确双方的权利和义务，以确保合作的顺利完成，最终使合作各方达到比预期单独行动更为有利的结果。

在PPP模式中，部分政府责任以特许经营权方式转移给社会主体（企业），政府与社会主体建立起"利益共享、风险共担、全程合作"的共同体关系，使得政府的财政负担减轻，社会主体的投资风险减小。PPP模式的核心是契约精神，它以特许经营合同的方式在公共建设项目上引入市场竞争和激励约束机制，在签约之初就必须明确责任、目标、考核指标，并将合作方的权利、义务固定下来。由此，可以发挥政府和市场的各自优势和合力，既可提高公共产品或服务的质量和供给效率，也可以化解地方债务风险。

2014年以来，我国围绕推进PPP发展的一系列的政策不断出台。如2014年9月25日，财政部下发《关于推广运用政府和社会资本合作模式有关问题的通知》，表示将在全国范围内开展PPP项目示范；10月APEC财长会议上，通过PPP模式等融资方式撬动民间资本成为重要议题；11月16日，国务院印发《关于创新重点领域投融资机制鼓励社会投资的指导意见》，明确要求扩大社会资本投资途径，健全PPP模式；12月2日，国家发改委发布《关于开展政府和社会资本合作的指导意见》，指明了未来一段时间PPP运行的基本方向；文件刚发布，财政部就对外公布了总投资规模约1800亿元的30个PPP示范项目，涉及供水、供暖、污水处理、环境综合整治等多个领域。

在实施中，PPP模式表现为多种具体形式，如BOT、BT、BOO、TOT等。

资料来源：王硕："PPP能否啃下环境治理'硬骨头'？"载http://epaper.rmzxb.com.cn/detail.aspx?id=355158。

第7章
零售企业的环境经营分析

7.1 零售企业与环境问题

  提到环境问题，人们自然会想到制造企业，目前相关研究也主要集中于生产性企业，但社会经济系统中同时存在着大量包括各类商业企业在内的服务型企业，如零售企业、物流企业、餐饮企业、宾馆饭店和洗染企业等。这些企业既是能源（水、电、燃气等）的大量使用者，也是二氧化碳、污水及其他废弃物的排放者，同样也存在着环境成本外部性问题，其所产生的环境影响虽然不易观察，但仍不可小觑，比如零售店铺的能耗问题。仅以耗电量为例，全国家电卖场、便利店、超市、大型超市和百货店等五大类零售业态，2011年的总耗电量超过300多亿KWh，折合碳排放量高达2.35亿吨，而这仅仅是零售业"高碳"的冰山一角（见表7.1、7.2）。

表 7.1　我国不同地区零售企业万元耗电量比较（平均值）

（kWh/万元）

年　度	北　方	中　部	南　方
2011	188.5	220.0	185.1
2012	218.4	195.8	187.7

表 7.2　我国不同地区零售企业单位耗电量比较（平均值）

（kWh/m²）

年　度	北　方	中　部	南　方
2011	236.8	239.9	381.4
2012	227.2	227.9	351.5

资料来源：表 7.1、7.2，均来自 2013 年《中国零售业节能环保绿皮书》。

　　除了能源消耗外，还有大量通过零售商进入消费者手中的有各种包装物，如大件或散件包装箱，盛装固体或液体原料的袋、瓶等，以及中间产品或半成品所使用筐、篮、箱和小托盘等等。被人们诟病的"过度包装"，大都表现在流通领域，如：①包装物的安全系数过大，对抗撞击强度的要求过高，超出实际需要；②为追求包装档次，不惜工本，甚至包装费用高过产品价值；③包装性能过度，如对无腐蚀性的产品仍采用防腐蚀材料包装等；④过多的中间包装，如为方便销售，不少企业采用大箱套中箱、中箱套小盒、小盒再套已有包装的单个产品等等。

　　因此，零售领域的过度包装、滥用购物袋、物流配送耗油及废气排放、高耗电、食品垃圾处理等都是商品流通过程中存在的环境问题，是与降低零售经营成本、降低供应链成本最直接相关的课题，这也使人们认识到环境经营必然应贯穿于生产、流通、消费、废弃全过程的各个环节。国家《"十二五"节能减

199

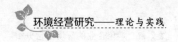

排综合性工作方案》中，已将推动流通领域节能减排作为一项重要措施。同时，零售业作为流通链条的终端，其环境经营行为对消费者也有重要的引导作用，如 2008 年"限塑令"出台后，超市购物袋从无偿使用转向有偿提供，就促使更多消费者选择能多次循环利用的环保袋。

同时，我们不难发现，在买方市场大格局的今天，现代零售企业的市场强势地位已经越来越多地通过供应链影响着上游企业的经营行为；[1]在环境问题方面，与消费者密切接触的零售企业也表现出遵守相应的环境规制，其标准大都在规制的要求之上。美国沃尔玛、日本 AEON（永旺）已将环保指数作为选择供应商的重要指标，要求上万家供应商提高环保标准。[2]如沃尔玛实施的"减少 5% 包装"计划，就成功地倒逼供应商改进包装：都乐改用简易的黑白色包装，成本下降了 0.35 元，纸箱容量增加了 1/4，还增加了可循环使用性，减少碳排量 20%；联合利华将洗发水、沐浴露、洗衣粉等改为可替代使用型包装，节省包装成本 67%；爱仕达将铝压力锅手柄拆开包装，减少包装体积 44%；大连兴业源采用环保的瓦楞纸箱作为外包装材料，用本色印刷取代彩印，每个纸箱节约成本 0.86 元，还减少了彩色油墨对环境的污染……根据沃尔玛所做的测算：一年减少 5% 的包装，相当于减少二氧化碳排放量 66.7 万吨，减少数以吨计的包装垃圾。这相当于每年减少 21.3 万辆卡车运输，每年节约 32.3 万吨的煤炭，沃尔玛每年也将为之节约 34 亿美元的开支。[3]2014 年，英国超市连锁集团塞恩斯伯里店计划把所有食

〔1〕 晏维龙："生产商主导 还是流通商主导——关于流通渠道控制的产业组织分析"，载《财贸经济》2004 年第 5 期。

〔2〕 赵亚平、李萍："从顾客价值迁移考察沃尔玛的绿色经营"，载《生态经济》2007年第 9 期。

〔3〕 数据来源：中国连锁经营协会。

品废料送往英国最大的厌氧发酵电厂，将食物废料转换成沼气用来发电，这些电力通过一条 1.5 公里长的专用供电线直接向超市供电。以前，该超市虽然向慈善组织捐赠大量剩余食品，甚至用作动物饲料，但每年仍然有数以千吨计的食物废料无法处理。而将这些食品垃圾转化成电能，使该超市成为英国首家摆脱国家电网供电的零售店铺，所带来的环境效益和经济效益都不容忽视。[1]但我们也注意到，对零售企业来说，自觉实施环境经营的企业仍然是少数。

7.2 零售企业的环境经营与竞争战略

7.2.1 零售企业环境经营研究现状

从世界范围来看，相对于生产企业，零售商的环境经营都起步较晚且很有限，从 2007 年起，相关研究文献有所增加。日本学者山本（Yamamoto）指出零售领域的过度包装、滥用购物袋、物流配送耗油及废气排放、高耗电、食品垃圾处理等都是与企业降低成本、与绿色供应链建设和低碳消费最直接相关的课题，这几乎涵盖了零售商环境问题及其影响的主要方面。[2]同时，零售商因其店铺众多又关联生产、消费、物流等多个行业，其实施环境经营势必刺激制造业、物流业等等相关行业的低碳发展。[3]现实中，从 20 世纪 90 年代起，国外一些大型零

---

〔1〕 资料来源：英国超市要将食品垃圾转化成电力，参见 http://informationtimes.dayoo.com/html/2014−07/23/content_ 2698175. htm.

〔2〕 参见葛建华："低碳背景下零售商如何实施环境经营战略？"，载《国际商业技术》2012 年第 7 期。

〔3〕 庄贵阳："低碳经济引领世界经济发展方向"，载《世界环境》2008 年第 2 期。

售商顺应环保消费需求和环境规制的压力，制定了高于规制的环保标准，从而也提高了对供应商产品的环保要求。因此，零售商的环境战略决策，在很大程度上也决定了整个供应链的环境绩效。通过案例研究指出零售商的环境经营并与绿色供应链绩效显著正相关，世界大型零售商正在通过环境经营积聚绿色竞争力。[1]杨浩哲在对中国能源消费的数据分析后指出，由于流通领域中的批零住餐业对碳排放的依赖性较弱，具有较强的碳脱钩潜力，应该成为当前促进低碳流通发展的重点。[2]这些研究，也佐证了著名营销学者科特勒的观点：包含资源、能源等在内的环境问题，是社会的长期利益，企业在经营过程中必须考虑这些社会因素。[3]因为环境问题已经影响到全球竞争的方式，企业已不能无视自身与环境问题的关系，而是需要围绕环境问题进行经营创新；同时，由于法律法规的加强，企业也必须承担由于自己行为所带来的环境风险。[4]

那么，零售商应该如何实施环境经营？环境经营对零售商的竞争优势会带来怎样的影响？广崎淳、濑户口泰史等指出，在企业的长远规划中，必须考虑将环境经营置于怎样的位置，并且明确到底应该如何行动。[5]其目的在于从企业战略的高度积极应对环境问题，改变环境问题是企业成本的传统想法，积极寻找与环境问题良好对接、与企业持续成长相连接的方式和

〔1〕参见葛建华："低碳背景下零售商如何实施环境经营战略?"，载《国际商业技术》2012年第7期。

〔2〕杨浩哲："低碳流通：基于脱钩理论的实证研究"，载《财贸经济》2012年第7期。

〔3〕P. Kotler, *Marketing Management*, 9th ed., Prentice Hall International, Inc., 1997, pp. 27~28.

〔4〕[日]朝日监查法人環境マネジメント编：《環境経営戦略のノウハウ》，東京経済情報出版2001年版，第3页。

〔5〕[日]廣崎淳、瀬戸口泰史："環境経営を再定義し将来展望もつ戦略立案の好機"，地球環境，2005(4)，第36~39页。

行动。戴维（David G. Oekwell）、詹姆沃森（Jim Watson）等提出应该从政策层面（政策引导）、技术层面（使用先进的环保技术，降低落后技术所产生的高碳锁定效应）和管理层面（如使用生命周期评价进行管理等）来发展低碳零售；安德烈亚·斯肖特（Andreas schotter）等通过对家乐福的研究指出，从店铺基础建设开始实施环境经营，正是零售商应对环境问题、获得市场竞争的重要手段；弗洛拉（Flora Vadas）等提出以"低碳模式"开发零售网点、配送中心等，既有利于降低经营成本，也有利于全社会环境问题的解决。[1]欧阳泉[2]、左剑君[3]等人基于对中国流通产业发展现状的分析，就如何促进低碳流通提出了相应的发展路径和对策。为此，运用财税手段鼓励零售企业节能减排，尽快出台符合中国国情的低碳零售行业标准，以鼓励零售企业开展和深化低碳经营活动，[4]同时，政府还应实施"立体式"控制的管理模式，制定对零售企业环境经营绩效的考核标准。[5]

上述研究表明，零售商（流通领域）的环境经营问题越来越引起国内外学者的重视，但研究较多停留在理论层面，研究的问题也往往过大，对零售商具体的环境经营活动进行详细考察的研究的还比较少。事实上，环境经营能够为企业创造哪些价值以及如何创造价值，是每个企业都关心的问题。在以下的案例分析中，我们将立足于波特的竞争战略理论，通过对日本

---

[1] 参见葛建华："低碳背景下零售商如何实施环境经营战略?"，载《国际商业技术》2012 年第 7 期。

[2] 欧阳泉："基于低碳经济视角的流通业发展路径选择研究"，载《中国流通经济》2011 年第 3 期。

[3] 左剑君："关于商贸流通业低碳化发展的对策"，载《经济论坛》2011 年第 1 期。

[4] 杨波："低碳零售化与促进中国低碳零售发展的政策选择——基于企业的自然资源基础观"，载《财贸研究》2011 年第 1 期。

[5] 朱志胜："不要让低碳经济成为纸上谈兵"，载《环境科技》2008 年第 11 期。

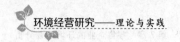
永旺零售集团的案例研究，动态考察零售企业如何构筑环境经营体系、实施各种环境措施，如何将环境经营与零售商的经营创新和提高竞争力相结合。

研究的基本观点是：企业可以通过环境经营创新商业模式来积极应对环境问题；可以围绕环境经营来实施不同层次的差异化竞争战略，进而建立企业的竞争优势，实现企业的价值创造。

7.2.2　案例研究：日本永旺集团的环境经营战略

日本永旺（AEON）株式会社是由 157 家企业组成的大型跨国零售集团，成立于 1926 年，现在日本国内外拥有员工 12 万多人，是日本最大的零售集团。2012 年，永旺集团在世界企业500 强中排名第 134 位，成为亚洲排名第一的广域零售企业，旗下拥有各类零售店铺 2349 家。其环境经营主要体现在以下两个方面：

7.2.2.1　体制保障：构建环境经营的组织体系

21 世纪初，永旺集团领导层就提出了从四个方面"转换认识"：①提高对全球性环境问题严重性的认识；②确立未来导向型的价值观；③环境经营不是企业的选择性项目，而是必须性项目；④环保理念应成为企业的经营哲学和经营方针。为此，永旺将环境经营纳入了企业的经营战略中，其中包括环境友好商品销售、节约能源、地域环境友好合作等内容，相应的组织设计如图 7.1 所示。

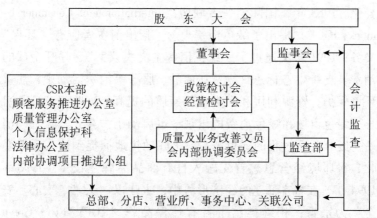

图 7.1　永旺的环境经营管理体系

注：来自永旺集团内部资料。

通过在社会责任本部设立"内部协调项目推进小组"，永旺确立了内部协调的基本方针，对涉及环境经营的各个方面，实施 PDCA 循环即目标设定（Plan）、实现目标的措施（Do）、对目标达成效果的评价（Check）、有利于持续改善的措施（Act）。并会同监查部对实施状况和改善状况进行测查，提出改进方案；为推进内部协调系统的建立、实施、改进和完善，企业对全员进行环境意识的培训，使员工人人都参与到环境经营活动中，并鼓励员工提出相关的建设性意见。这种自上而下推动、自下而上行动的环境经营的组织建设，提高了企业的自我建设、自我完善能力，为环境经营战略的实施提供了重要保障。

7.2.2.2　实施框架：不同层面的绿色战略

将环境经营融入企业的经营战略中，是永旺环境经营的重要特色。

（1）商品品牌战略：建立环保商品自有品牌，创造产品差

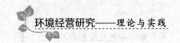

异化。1963 年，国际消费者联盟（International of Consumer U-nions，IOCU）提出了绿色消费观念，指出消费者应有"环保"义务；1991 年又通过了"绿色消费主义决议案"，呼吁全球的消费者支持生态标志计划，在商品、服务等消费活动中，注重环境保护、资源利用和人类整体素质的提高。这些倡议，既引导了绿色市场和绿色消费的出现，也启动了"生产—流通—消费—废弃"全过程的绿色革命。永旺敏锐地捕捉到这一重要变化，将环境经营思想首先融入自有商品品牌建设中。1993 ~ 1994 年，在日本低迷的经济形势中，永旺以"天然、安心、安全"为宗旨，相继推出了自有环保品牌"TOPVALU·Green Eye"和"TOPVALU"（见表 7.3），积极配合日本政府在全社会推行环保标志产品，与消费者一同践行环境友好理念，这也使得永旺多年奉行的"一切为了顾客"经营理念，因"环境友好"要素的加入也更具时代特色。

表 7.3　永旺集团自有环保品牌系列

品牌名称	推出时间	主要特征	商品领域
TOPVALU Green Eye	1993	有机栽培，天然、绿色 2000 年通过日本农林水产省"有机 JAS 认证"	大米、食用油、水果等食品类
TOPVALU	1994	安心、安全	衣食住等 5000 多个品目
TOPVALU 共环宣言	2000	清洁、可再利用	充电电池、复印纸等

注：作者根据企业资料做成，TOPVALU 是"TOP"与"VALUE"的组合，意味为消费者创造最高价值。

在生产及销售过程中，该系列商品始终坚持环境友好的 5 项准则：①不使用化学色素、化学调味料、化学防腐剂等；

②尽可能使用对环境影响小的原材料和包装材料，严格控制化肥、农药、抗生素的使用；③顺应自然、适时生产，并在商品包装上准确标注与消费安全和环境有关的商品信息；④尽可能减少对环境有害的物质排放；⑤严格遵守高于国家标准的企业标准，从生产到销售都实施严格的环境管理和品质控制。同时，永旺还与企业、养殖户和农户等合作，建立起"废弃——再利用——生产——销售"的绿色食品链，用废弃食品等作为原料生产饲料、肥料，并与使用这些饲料和肥料的养殖户、农户等签订长期采购合同，在店铺销售其所生产的农副产品，形成了"废弃物—有机肥料—绿色产品"的良性循环。2000 年，永旺又开发了"TOPVALU 共环宣言"产品，从可再利用的角度开发环境友好商品，如可以反复使用 1300 次的充电电池，再生复印纸等，既经济实惠又减少了对环境的危害。这些措施，既保障了消费安全，又最大限度地减少了企业所售商品产生的环境负荷。

2009 年，永旺成为日本经济产业省指定的 50 家"碳足迹"试点企业之一，在"TOPVALU"系列商品包装上标注商品的"碳足迹"，包括大米、充电电池、洗涤剂等 7 个品种 9 个类别的商品，以此配合日本政府"低碳社会行动计划"的实施；2012 年 3 月起，永旺已在中国推出了 900 多种该品牌系列产品。

（2）关系营销战略：以社区绿化活动创造店铺社会形象的差异化。如果说"TOPVALU"系列商品的推出，是永旺环境经营中的商品品牌战略，社区绿化活动则是永旺环境经营中的关系营销战略，突出了永旺店铺贡献于当地环境建设的公众形象，使企业整体形象呈现出明显差异化。从 1991 年开始，每当新店开业，永旺就举行"永旺营造故乡林活动"，与当地市民共同植

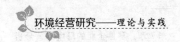

树，1998 年至 2013 年，永旺在我国长城周边累计植树超过 100
万株，绿化荒山近 500 公顷。

每次新店选址一旦确定，永旺就将植树活动作为社区关系、
消费者关系营销的起点，开始募集植树活动参与者及准备相关
活动，使当地居民、地方行政机构、媒体、环保组织等相关利
益群体，都能及时感知永旺有利于环境的"自然而真挚"的企
业形象，为商圈建设奠定良好基础。永旺的植树活动通常还联
合幼儿园、小学、中学一起举行，通过"和孩子一起成长"、
"永旺儿童环境俱乐部"、"将我们的爱融入社区"等一系列活
动，来培养孩子们关爱大自然的良好兴趣。多年后，树苗长成
森林，社区的孩子们也成长为社区生活的主角，绿化活动所带
来的影响也随之长期持续，发挥出稳定和扩大顾客群体的作用，
为永旺带来长期潜在的忠诚顾客群。植树绿化活动，还将 10
年、20 年后企业的发展也纳入到环境经营活动中。

比如作为店铺公开信息的重要内容——树木生长状况，为
店员和消费者、消费者和消费者之间提供了超越金钱交易的可
持续的交流的话题。这些交流，也为都市日益淡薄的人际关系
注入了以环境为主题的温馨元素，成为维系消费者持续来店的
重要因素，使顾客感受到金钱交易之外的超额收益——个人为
环境友好社会做贡献所带来的精神满足。

7.2.3 案例评论：零售商环境经营战略的价值创造

竞争战略视角关于企业绩效分析的概念框架中，企业选择
竞争战略的基本逻辑是 SWOT 模型，包括企业所面临的宏观环境、
任务环境和机会危险等；竞争战略通过作用于中介变量——竞争
优势，对企业绩效产生影响；决定企业绩效的因素，如企业组
织能力、资源特性等，首先影响企业的竞争优势，进而影响企

业绩效。[1]在竞争加剧和资源环境日益恶化的今天，自然资源环境的变化和消费者的绿色需求，已成为企业在制定战略时必须考虑的因素。波特（Porter）和林德（Linde）[2]、布莱施维茨（Bleischwitz）和海尼克（Hennicke）[3]通过对生产型企业的跟踪研究，指出企业实施环境经营战略与企业绩效正相关性。山口民雄的研究指出，"企业与环境相关的投入或事业不再是成本，而是企业对应环境政策及市场变化的经营资源，是企业竞争力的源泉。"[4]永旺零售集团正是通过环境经营的差异化竞争战略，提高了企业的竞争优势，进而提高了企业绩效，具体分析如下。

（1）环境经营战略，创造不同层次的市场差异化。企业的环境经营战略能否创造价值，意味着企业的环境经营是否可持续。因而，通过价值创造赢得企业竞争优势也是环境经营战略所追求的目标。日本学者在其研究中指出："环境性、经济性、社会性是可持续发展的三个基准层面，企业的环境经营应追求这三个层面的效益……如果环境经营不是企业的战略行为，政府的环境规制将只会增加企业的成本。"[5]这也确定了环境经营战略的三个价值层面，即环境性、经济性和社会性。

在这三个层面中，永旺的环境经营，首先因为符合法律规

---

〔1〕 金寅镐、路江涌、武亚军：《动态企业战略》，北京大学出版社 2013 年版，第 38 页。

〔2〕 Porter, M. E. and C. v. d. Linde, "Green and Competitive: Ending the Stalemate", *Harvard Business Review*, 1995（9～10），pp. 120～134.

〔3〕 Bleischwitz, R. and P. Hennnicke eds, *Eco – Efficiency Regulation and Sustainable Business: Towards a Governance Structure for Sustanalbla Development*, Edward Elrar, 2004.

〔4〕 [日] 山口民雄：《検証！環境経営への軌跡》，东京日刊工业新闻社 2001 年版，第 7 页。

〔5〕 [日] 金原达夫、金子慎治：《环境经营分析》，葛建华译，中国政法大学出版社 2011 年版，第 34～47 页。

制避免了因环境问题而带来的潜在风险[1]；2001 年永旺通过了"环境 ISO14001"认证；2003 年开始公开发布《环境·社会报告书》；2004 年通过了 SA8000 认证，并逐步实施环境会计，成为日本零售界的第一例，顺应了相关法规对企业的要求。其次，通过自创的环保产品品牌，开拓了新商品市场，既满足了消费者需求又为企业创造了经济价值。最后，以绿化环境等合乎道德的、非市场交易的行动回馈社会，履行了企业对社会的义务和责任，为企业创造了市场外价值，这也是企业价值境界的最高体现。正如日本学者所指出的："顾客满足与环境经营效益显著正相关，构筑与顾客密切接触的关系可以提高顾客满意度，企业也将获得环境价值和经济效益的双赢。"[2]

自有品牌的环保产品开发和地区绿化建设活动的相互组合，构成了永旺的环境经营战略在环境性、经济性、社会性三个层面环环相扣的价值创造整体，并相互渗透、相互扩散、相互加强，其所形成的市场差异化的价值，也随时间推移而不断提高，使竞争者难以模仿。这种基于环境友好的差异化竞争战略，使企业经营活动的经济性、环境性和社会性等三重价值都得以实现，企业的差异化水平也渐次提高，更好地区别于同类企业。（见图 7.2）。

---

[1] 日本 2000 年实施的《大店立地法》要求大型零售店铺开业必须考虑对所在社区的交通、居民生活环境所产生的影响。
[2] 葛建华："基于可持续发展视角的日本环境经营"，载《日本学刊》2010 年第 5 期。

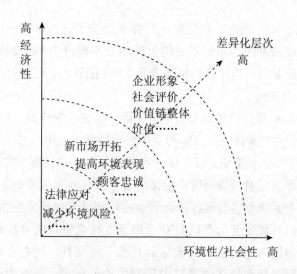

图 7.2　环境经营战略创造市场差异化的模型

　　不同层次的市场差异化，为永旺带来了市场内、外的价值创造，使企业的环境经营战略实现了良性循环。从 1993 年至今，永旺的"TOPVALU"系列商品以"环境友好"为品牌创新的核心价值，将"健康、环境、品质"作为该品牌商品开发的切入点，将"减量化"、"循环利用"、"低碳经济"等解决环境问题的社会化大战略，融入企业为消费者提供"安心消费、安全消费"的品牌战略中，并巧妙将其凸显为商品的特征和内涵，赋予了企业自有品牌符合时代变化趋势的独特魅力，为自有品牌的生命力和安全性奠定了坚实基础。正如波特所说，人们对食品安全、减少污染、增强体质、增加收入、照顾老年人、改善居住环境等等是当前很广泛的、也是最基本、最重要的社会需求。企业可以通过更好地满足现这些市场需求来创造企业与消费者、与社会的共享价值。[1]正是顺应了这一基本的市场需求，永旺该系列产品每年的销售额增长都超过 10%，2013 年 2 月的数据显示，当年度的销售额达 5300 亿日元，已超过全年销售总额的 10%。

（2）环境经营战略提高竞争优势，创造企业价值。"竞争战略就是创造差异性……战略的实质在于经营活动中，选择不同于竞争对手的运营策略，或不同于竞争对手的活动实施方式。"[2]永旺正是从应对环境问题中挖掘出了差异化竞争战略的新要素，通过自有品牌创立与地区绿化活动建设相结合的环境经营活动，使企业的环境经营活动既具有承担企业社会责任的合法性和公益性，也因对消费需求的满足而具有了经济性，同时实现了社会性、环境性和经济性和三个层面的价值创造，企业也因此跳出了零售市场中同质化竞争中愈演愈烈的价格战怪圈，建立起企业独特的竞争优势，集中表现为两个方面：①提高了企业对法律规制、市场需求、消费观念等变化的适应能力，化解了政策和市场变化风险，直接表现为永旺的品牌开发能力和顾客关系管理能力的提高，带来永旺店铺顾客群体的稳定扩大、"TOPVALU"系列品牌商品销售额提高和良好的企业形象；②创造和强化了企业形象及产品的差别化，在为现有顾客提供新的价值的同时，也提高了店铺潜在的集客能力，直接表现为对消费者的低碳消费观念、低碳消费行为的影响，从而带动低碳商品销售。

---

〔1〕 Porter, Michael E. and Mark R. Kramer, "Creating Shared Value", *Harvard Business Review*, 2011（1~2），pp. 62~77.

〔2〕 Porter, M. E., "What is Strategy?", *Harvard Business Review*, 1996（11~12），pp. 61~78.

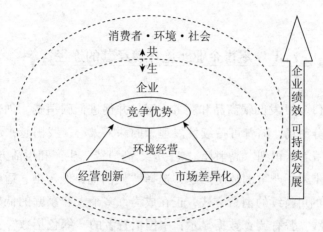

图 7.3　环境经营战略创造企业竞争优势的模型

　　在以"TOPVALU"环保品牌建设和地区绿化活动为支柱的环境经营战略中，永旺将"环境友好"作为经营创新的新视点；将环境经营作为自有品牌建设、公共关系建设、顾客关系管理的重要载体，为满足消费者的物质需求与情感需求提供了新途径，也为零售商与环境、与社会、与消费者之间建立共同价值观提供了和谐起点。这种由环境经营所引发的经营创新和差异化竞争战略，与循环经济、低碳经济等可持续发展战略相呼应，承载了永旺与地域、与环境、与社会共生的社会责任。这也促使企业和顾客为获得更多的附加价值和精神满足，而更加愿意维持和发展相互关系，进而促成了顾客交易行为的长期化，强化了顾客忠诚度，为永旺形成了长期的集客能力，成就了永旺的竞争优势，带动了企业的价值创造和可持续发展（见图7.3）。

7.3 零售企业实施环境经营的途径

（1）开发低碳商品和服务，引导并促进低碳消费，创造新的细分市场。随着可持续发展理念的深入人心，我国越来越多的消费者认识到"高消耗、高污染、高消费"生产和生活方式，已经带来了严重的环境问题，选择"低消耗、低污染、适度消费"的可持续的消费方式，正在成为许多个人和家庭的低碳消费实践。曾有调查数据显示：中国消费者的"绿色指数"排名第三，对环境问题的关心程度也名列前茅，有70%的人认为必须为子孙后代留下一个更好的自然环境[1]。

满足消费者需求是零售企业的生存之本，也是零售企业服务于社会的重要基础。环境经营战略所包含的"安心、安全"，也是我国构建和谐消费环境、破解消费安全难题的重要内容。通过实施环境经营战略，零售商不但可以满足日益高涨的绿色消费需求，也能带动绿色商品生产体系的发展，形成低碳消费与低碳供应链之间的良性互动。目前日益强化的环境保护法规，如循环经济促进法、生产者责任延伸等也为零售企业的经营活动提出了约束性标准。

借鉴永旺零售集团的环境经营战略，我国零售企业可以以一种更加亲近环境、更加有社会责任感的方法，在商品包装、配送、销售及售后服务的各个环节展开低碳商品战略，通过产品和服务创新的细分市场来引导、适应顾客消费方式的改变，使企业的环境责任和商业利益都得以实现。其作用涵盖三个层

---

〔1〕 资料来源：全球14国"绿色指数"调查，载 http://www.ccfa.org.cn/.

次：①满足消费者选择未被污染的、有助于健康的商品，保障消费安全；②引导消费者在消费过程中注重对废弃物的处置，减少环境污染；③引导消费者转变消费观念，在追求生活舒适的同时，注重节能环保，实现可持续消费。

（2）建立低碳供应链，降低经营成本，提高企业市场竞争力。零售业是微利行业，行业平均净利润率目前只有1%左右。环境经营的重要内容3R（减量化、再使用、再生利用），有利于零售商发挥其市场终端的影响力，与上游企业一同建立低碳供应链，通过包装减量化、对废旧物品的再使用、修复或改制以及材料循环利用等形式，最大限度地提高资源利用率，降低经营成本；企业销售的环境友好系列产品所具备的符合市场需求和社会需求的特性，也为企业实现经济利益提供了合理性，不仅可以扩大企业市场份额，还可以提高企业利润率，从而使企业脱离价格战苦海而进入可持续发展的良性循环。

永旺零售集团的利润中就包括对再利用包装物、废弃食用油、废弃食品进行回收等所产生的经济收益。2004年，日本环境省就已将便利店、百货店、超市等零售业纳入"地球温室效应对策技术指导"体系中，以期直接减少零售商的能源成本；我国《"十二五"节能减排综合性工作方案》中，也将推动流通领域节能减排作为一项重要措施，二者具有异曲同工之用，这也表明零售商实施环境经营是大势所趋，企业理应未雨绸缪，早做规划。

（3）与社区共建低碳环境，树立良好社会形象，提高集客能力和顾客忠诚度。企业来源于社会，也成长于社会，依赖于所在社区生存更是零售企业的重要特点。因此，与所在社区形成良好互动关系，直接关系着零售商业的经济效益。从社会营销的角度来看，零售商针对社区环境建设开展的绿化、清扫活动，可以使所在社区的消费者成为直接的受益者，使店铺与顾客、与其他利益集团的关系超越实体产品和货币之间的交易关系而更具情感因素，有利于企业赢得社会尊重和赞誉、赢得美誉度和信任度，为企业创造可贵的道德资本。这对于提高顾客的满意度、忠诚度，增加顾客对企业的信任感及回头率、扩大企业的市场份额都十分有利。有研究表明，企业贡献于社区环境建设和提高当地消费者生活品质的努力，对于企业品牌价值的提升甚至超过产品质量、价格等可获得性传统因素的贡献。

在建设美丽中国的大背景下，零售商如何顺势而为，将企业发展融入解决环境问题的社会问题中？如何将低碳理念前瞻性地融入企业的经营创新活动，通过解决社会问题来强化竞争优势，创造企业价值？都是值得认真研究的课题。管理学大师彼得·德鲁克曾经指出，将社会问题转化为企业发展的机会可能不在于新技术、新产品、新服务，而在于社会问题的解决，即社会创新；这种社会创新直接或间接地使企业得到利益并发展。我国零售企业也应把握循环经济、低碳经济等发展机会，推动企业从产品品牌建设到企业社会形象创新的整体变革，自觉参与到国家节能减排的行动中提供具体可行的新思路。

"企业越是采取主动的环境战略，就越能产生某种程度的组织能力；企业已有的组织能力如果越来越大，就能产生更好的竞争效果；而作为企业价值源泉的组织能力的提高，将带给企业竞争优势。"[1] 通过案例分析，我们不难看到：零售商高于法律规制的、具有创新性的环境经营战略，成功带动了企业竞争战略的转变和组织能力的提高，也使企业的环境经营战

---

[1] Porter, M. E., "What is Strategy?", *Harvard Business Review*, November – December, 1996, pp. 61 ~ 78.

略目标成功地转换为商业目标，如良好的公共关系和顾客关系、良好的店铺周边环境、良好的企业形象、品牌知名度提高、消费群体的稳定和扩大等等，有效拉动了企业绩效的增加。

同时，永旺的组织变革和领导层提出的"4个转变"及环境信息公开制度，也验证了日本学者金原达夫关于"领导力"、"组织建设"与"全员参与"对环境经营各项措施全面贯彻执行并取得实际效果有着重要保障作用的研究结论。通过将环境经营纳入企业经营战略，将经济性、环境性和社会性结合起来，零售企业既可化解规制、成本和市场竞争带来的压力，使企业绩效的明显提高，也可增强企业的可持续发展能力。

7.4 零售商回收逆向物流

7.4.1 什么是零售商回收逆向物流

零售商回收逆向物流是指将最终用户（包括各类组织和个人）所持有的废旧物品、不再需要的物品或一些用于物流配送的专用器具（如托盘、周转箱等）等，通过零售商回收到供应链上各节点企业的过程。如图7.4所示（实线为零售商回收逆向物流），其中，零售商处于回收起点，与循环经济的3R原则（减量化、再利用、再循环）密切相关。

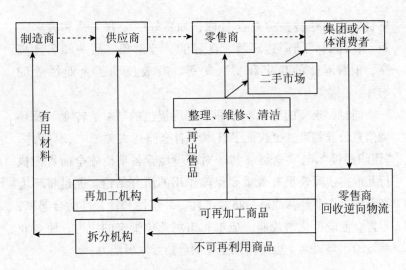

图 7.4 零售商回收逆向物流系统

从回收物品的特性来看，基于环境友好的零售商回收逆向物流可分为三种：

（1）使用价值终结物回收。对一些因使用寿命终结而丧失了使用价值的物品进行回收，如报废的电器产品、家具等。回收后，经拆解后再生利用。

（2）废弃物回收。包装材料是流通过程中最典型的废弃物，如木箱、编织袋、纸箱、捆扎带（绳）、礼品包装纸（盒）、塑料袋等。这些物品的回收，可以最大限度恢复和利用原有包装物，降低成本，既可给企业带来收益，也可减少环境污染、缓解资源浪费。

（3）生命周期内产品的回收。产品生命周期（Product Life Cycle，简称 PLC）是一种新产品从开始进入市场到被市场淘汰的整个过程。目前，许多产品如计算机、家用电器、手机等产品生命周期正变得越来越短，产品的升级换代正以前所未有的速度推向市场。这种产品更新在为消费者带来更多选择和受益时，也不可避免地导致了更多的"再销售"问题，为流通和消费提出了一个重要课题。

在现实生活中，因消费而形成的各类废旧物品尤其是包装物、电子电器产品等，也随消费者的分散而广泛散落在各个角落，给我国本来就相对脆弱的生态环境带来更大负荷，同时也带来惊人的浪费。据邮政部门统计，2014 年"双 11"当天快递公司累计收揽的 9000 多万件快递业务，就导致废弃包装纸箱的用量大增。作为可再生资源，废纸箱一直是造纸企业的主要原料来源之一。然而，由于我国废纸箱回收率过低，不能满足造纸企业的需求而大量从国外进口。资料显示，我国 2013 年废纸箱进口量为 1655 万吨，而 2014 年 1~9 月份进口量为 1183 万吨。2014 年我国每年废弃手机约 1 亿部 回收率不到 1%，一部分回收的旧手机经过翻新，流入二、三线城市或农村销售；一部分经过拆解，变为零部件用于维修，回收价格从几元到几百元不等；还有一部分无法使用的主机板等零部件，被某些非法处理企业用于提取金、银等贵重金属，造成严重的环境污染。[1]而一些资质和技术较好的废旧物品处理企业却因回收量低而"等米下锅"。2006 年，在政策推动下我国启动的生产者责任延伸（Extended Producer Responsibility，EPR）试点项目，但一些试点项目因无法实现有效回收而难以为继。

究其原因，回收体系无着落——没有正规的回收网络、没有形成良性循环的回收机制是一个重要因素。可见，实现有效回收，是实施 EPR 和实现再利用、再销售、再制造的共同起点。为此，我国在相关条例中均提出要建立多元化的规范的回收体

---

〔1〕 资料来源：我国每年废弃手机约 1 亿部　回收率不到 1%，载人民网，http://homea. people. com. cn/n/2014/0420/c41390 – 24918225. html.

系，并明确规定经销商应负责回收。[1]这些，都使得多年来隐藏在零售商供应链中、很少进入人们视野的回收逆向物流，不得不引起人们的重视。

7.4.2 零售商回收逆向物流的特点

与正向物流相比，逆向物流同样具备包装、装卸、运输、储存、配送、加工等功能。但零售商回收逆向物流主要由于消费而形成，与消费行为密切相关。因而，除了在物流职能和构成方面的共同点之外，零售商回收逆向物流还有其自身的特点。

（1）高度不确定性。由消费而形成的各类物品可能产生于流通领域或生活领域的任何时间、地点，可能涉及任何部门、任何人；其产生的时间、地点和数量都难以预见；不同种类、不同状况的废旧物常常混杂在一起；加之"再销售"的二手商品市场供需平衡很难掌握，这些都使零售商回收逆向物流的流动过程具有很大随机性，往往难以控制。这也导致了零售商回收逆向物流的多变性，对其处理系统、流通形式和物流技术也提出了更高的要求。

（2）运作的复杂性。零售商回收逆向物流的过程和方式按产品的生命周期、产品特点、所需物流资源和设备等条件不同而复杂多样，比正向物流中的新产品流通过程存在更多的不确定性和复杂性。从图7.4可以看出，零售商回收逆向物流的主要活动和功能包括：再制造、再修整、再循环、再销售和再处理等内容；影响其实施的环境因素包括消费者、供应商、竞争对手、再加工机构、拆分机构等，比正向物流所涉及的合作伙伴更多，因而也比正向物流系统更复杂，需要更有效的战略决

---

〔1〕 如《废弃电器电子产品回收处理管理条例》、《包装物回收利用管理办法》等。

策来实现其高效且经济的运作。

（3）成本不易计算。零售市场回收逆向物流中的物品价值较低，而且绝大多数都没有包装，需要进行人工分拣、检测、判断和处理，同时又要考虑环保费用，这就增加了处理成本；由于消费者行为的不确定性，回收物品数量累积缓慢，较难充分利用运输或仓储的规模效应，因而与正向物流相比，其运输、仓储和处理的费用往往也较高。这些都增加了逆向物流成本及其计算的难度。因此，如何确定零售商回收逆向物流的环境成本、经济效益的计量范围和计量标准；合理有效地确认、计量、记录与零售商回收逆向物流相关的环境收益与环境成本，更好地识别和预测其中的商业利益和其他潜在收益，充分体现其环境绩效，是零售商回收逆向物流的一大难题。

（4）实施的困难性。零售市场的回收逆向物流具有单位数量少、种类多的特点，需要一定时间的不断汇集才能形成较大的流动规模；而回收的废旧物品又往往不能立即满足人们的某些需要，要经过加工、改制、清理、维护等环节。这一系列过程都需要较长时间，需要从回收、配送、仓储、再加工、拆解、营销、二手商品市场、财务核算等各个环节的配合，涉及更多环节的大量协调和管理，无疑增加了其实施难度。

在运作环节上，回收逆向物流表现出一些具体特点，见表7.4。

表7.4　正向物流与回收逆向物流的主要区别

比较项目	零售商正向物流	零售商回收逆向物流
库存管理	相对简单，模式较统一	复杂，模式不统一
运输规模	容易配载，易形成规模运输	不易配载，需要较长时间积累

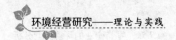

续表

比较项目	零售商正向物流	零售商回收逆向物流
商品质量	均　匀	不均匀
物品处理方式	简单、明确	不明确、复杂多样
各方协作	利益明确，磋商容易	利益不确定，协作困难
运行及管理模式	有现场的模式可借鉴	尚属空白、无现成模式
企业态度	很重视	不受重视
收　益	可明确计量，直接实现	不能明确计量，实现缓慢、间接性
成　本	容易计量	不易计量

　　尽管零售商回收逆向物流在实际运行中存在种种困难，但随着全球环境问题的日益严重，各国政府都制订了许多环境保护法规，这就从政策层面对零售企业的环境行为提出了要求，同时也规定了约束性标准。因此，建立和完善回收逆向物流已成为国外零售商物流发展的一个新兴而重要的趋势。许多零售商正在努力以一种更加亲和环境的、有社会责任感的方法，与供应商一道在产品包装、配送、销售及售后服务的各个环节开展逆向物流活动，并将其纳入闭环供应链（closed – loop supply chains Management）、环境经营的管理和运行之中。如日本 seven – eleven（7 – 11）、AEON（永旺）、小岛电器等跨国零售集团，均建立起了店头回收制度、包装物再利用制度、节能降耗制度、二手电子电器产品再销售制度等；与供应商建立环境友好型产品的共同开发体系，通过企业的环境营销活动和各种公益活动引导顾客消费方式的改变，在保障消费安全的同时履行企业的环境责任，谋求"企业与地域共生"，建立战略竞争优势。

7.4.3　零售商回收逆向物流的价值分析

在传统的经营模式中，注重环境效益的回收逆向物流因见效缓慢而被视为成本。但是在构建环境友好型社会的今天，环境问题对每一个企业的可持续发展和经营活动的影响都在加深。回收逆向物流的建立和完善，既是利益相关者、消费者、政府等关心的问题，也可以为企业降低成本、推进创新、改善服务提供新的机会。这实际上是零售商通过商业运作过程的创新来履行企业社会责任，同时重新获得废旧产品的使用价值。它通过战略领先为零售企业创造新的价值区间，从而形成新的战略竞争优势。其价值体现在以下三个方面：

（1）引导消费方式，顺应市场转变。伴随着现代工业文明而产生的"大量生产、大量消费、大量废弃"的经济发展模式，"使消费成为我们的生活方式，要求我们把购买和使用货物变成宗教仪式，要求我们从中寻找我们的精神满足和自我满足。其结果是资源的浪费、环境的污染"。而环境友好型社会的消费观则体现为"对工业文明以来盛行的欲求消费、符号消费、异化消费以及一次性消费的批判和摒弃，并倡导一种消费方式的伟大变革，主要体现为四种消费理念的倡导：适度消费、绿色消费、简约消费和精神消费"〔1〕。从消费方式的引导来看，作为离消费者最近的企业，零售业者历来就承担着消费者教育和消费行为引导的社会责任，对于顾客消费方式的引导和转变，有着不可取代的重要作用。其作用至少涵盖三个层次："第一，引导消费者在消费时选择未被污染或有助于公众健康的绿色产品；第二，在消费过程中注重对垃圾的处置，不造成环境污染；第

---

〔1〕 李建珊主编：《循环经济的哲学思考》，中国环境科学出版社2008年版，第28～29页。

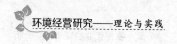

三，引导消费者转变消费观念，崇尚自然、追求健康，在追求生活舒适的同时，注重环保、节约资源和能源，实现可持续消费"[1]。

环境友好型社会的建立，本身就包括转变不可持续的消费方式，即以环境友好的消费选择带动环境友好产品的生产，形成绿色消费与绿色生产之间的良性互动。同时，消费者环境意识的日益增强，对环境及环境友好型产品的期望也会越来越高，这也要求零售商适应消费者行为的改变而注重回收逆向物流建设。

（2）降低经营成本。降低经营管理成本是企业确保竞争优势的战略之一，也是市场经济性的反映。对于零售商而言，降低商品损耗和包装成本，提高物品的再利用率也是其成本管理的重点。有效的回收逆向物流系统，首先可以确保不符合顾客要求的产品及时回收，通过加工、整修后再次投入使用，降低企业的资源损失率，防止企业利润流失；其次可以确保对废旧物品的重用、修复或改制以及材料循环利用，最大限度地提高资源利用率，减少资源消耗，降低流通经营成本。成功的回收逆向物流运作，不仅可以帮助零售商建立成本控制优势，还可以使这种优势作为价格竞争力降低消费者的支付成本，从而增强零售商对顾客的吸引力。美国耐克公司通过在门店给予顾客一些回扣来回收旧鞋，这些旧鞋碾碎后用于篮球场和跑道场的建设；英国的 Tesco 乐购超市将回收的包装物进行再利用，其中一部分被加工成为 Tesco 自有品牌商品，另一部分则在二级市场销售，既为 Tesco 节省了废料垃圾的填埋费用，还通过二级市场的销售为企业创造了超过 1000 万英镑的商业收益；我国啤酒行

〔1〕 闫敏："循环经济与绿色消费的关系"，载中国网，http://www.china.com.cn/chinese/zhuanti/xhjj/760315.htm.

业运行多年、卓有成效的"啤酒瓶回收"体系，回收率也达98%以上。可见，零售商对废旧产品的回收和再利用，不仅解决了环境污染问题，还实现了废旧产品的价值再实现，既增加了零售商的利润来源，也降低了企业的运营成本。

（3）提高企业品牌的环境形象。现在，日趋成熟的消费者已开始关注企业的社会责任感，零售商付诸逆向物流的环境经营实践，塑造了符合可持续发展的、环境友好的企业形象，这对于企业品牌价值的提升甚至超过产品质量、价格和可获得性等传统因素的贡献。如日本家电制造商和销售商"以旧换新"的形式回收废旧家电，虽然回收产品的成本很高，但由于这些活动减少了环境污染，增加了顾客对企业的信任感及回头率，实际上延长了有效顾客的价值周期，反而促进了产品销售。每个顾客都有一定的价值周期，零售商回收逆向物流体的建立、改进和完善，有利于将顾客价值周期和产品价值周期调整一致，以低的营销成本获得高的销售回报。这不仅可以开拓零售商的利润源泉，还可以消除顾客的后顾之忧，培养顾客的忠诚度和提高顾客满意度，增加企业无形资产，增强企业的品牌效应。

零售商处于市场前沿的网点分布的广泛性、零售业态的多样性、与消费者"零距离"接触的渗透性等，使零售商较其他企业可以更好地兼容由于消费而形成的各类回收商品总量大、品种多、分散、数量不规则等特点。从回收的便利性和消费者的习惯性看，处于市场最前沿的零售商已有的商业网点及物流体系，为实现回收提供了现实的可能性，也可以有效降低整个供应链的环境成本，为我国经济发展从不可持续的"线性模式"转向可持续的"循环模式"提供了一个重要通道。这不仅为我国生产者责任延伸、强制押金制度、经销商回收责任制等制度的有效实施，提供了一个务实的切入点，也可以为环境友好型社会从抽象概念逐步落实为企业的具体行动提供新思路。正如保罗·霍肯（Paul Hawken）指出："为创建一个持久的社会，我们需要建立这样一个商业和生产体系，在该体系中，每一环节都具有内在的可持续性和可恢复性。企业需要将经济、生物和人类的各个系统统一为一个整体，从而开辟出一条商业可持续发展的道路。"[1]

建立和完善回收逆向物流是世界零售商物流发展的一个重要趋势，也是零售企业履行社会责任的重要途径。对零售商回收逆向物流价值的充分挖掘，不仅可以帮助我国零售商通过"强环境绩效"建立战略竞争优势，也有利于我国零售商在新的制高点上参与国际竞争。

7.4.4 案例研究：沃尔玛（中国）有限公司——从包装减量化做起，建立绿色供应链[2]

（1）案例资料。为实现企业可持续发展三大目标：使用可再生能源、实现零浪费、出售对环境有利的商品。沃尔玛从包装减量化做起，建设绿色供应链，在环保、节能、产品安全、社会责任等方面对供应链各方提出了具体要求。

2008 年，沃尔玛（中国）全面实施 7 项改进包装的措施，如去掉多余包装、减少空间、重新使用、可回收、用再生利用等，并将其作为选择供应商的标准，要求包括供应商、配送中心、卖场等在内的所有环节都实行包装减量化，实现当年减少 5% 的目标。为使供应商能够积极配合，沃尔玛还推出了环保包装竞赛、环保包装展览、供应商环保积分卡等活动，对供应商

〔1〕Paul Hawken, *The Ecology of Commerce—A Declaration of Sustainability*, Harper Collins Publishers, Inc., 1993, p. 4.

〔2〕资料来源：中国连锁经营协会。

包装实行网络跟踪。沃尔玛还设定了包装材料的环保指数（1～5），参数越小表明其可回收价值越高，如金属的环保指数为 1，塑料是 5，环保指数高的包装将更能获得沃尔玛的采购订单。

沃尔玛的环保配送中心和环保示范店铺也取得了很好的节能效果。2008 年 9 月开业的北京望京店，是沃尔玛第一家环保节能店铺，其采用的高效能电机、压缩机、热回收和废水回收系统，都有着显著的节能效果——每年可节电 23%、节水 17%。这种新型环保节能店将成为沃尔玛商店建设、设计及其管理的标准模式，将来可以达到节电 31.87%、节水 35.17% 的标准[1]。位于浙江嘉兴的沃尔玛配送中心里，通过采用阳光墙、屋顶自然光采集、LVD 照明设备及太阳能热水器系统等多项先进技术，每年节能约 715 千瓦时，二氧化碳排放量每年减少约 679 吨，相当于中国一个普通家庭约 3018 个月的排放总量。

从供应商、配送中心到店铺的绿色供应链建设，标志着沃尔玛的商业模式从专注低价，转向注重环境保护、注重可持续发展，成为沃尔玛承担社会责任、实现绿色转型战略的重要途径。

（2）案例点评。有数据显示，零售商的水电费用约占年销售总额的 1% 左右。因此，零售企业节能减排，建立绿色供应链，不仅是国家可持续发展战略的需要，也是企业降低经营成本、实现可持续发展的需要。在中国连锁经营协会 2014 年的调查中，78% 的门店对照明系统进行了改造，24% 的门店对冷冻冷藏系统进行了改造，此外还有 15% 的门店进行了电梯系统的改造，以及 7% 的门店对生鲜及主食加工区域实施节能改造[2]。事

---

〔1〕 资料来源："零售巨头'过冬'策：挖潜力降成本"，载新浪网，http://finance. sina. com. cn/roll/20081113.

〔2〕 资料来源：2014 中国零售业节能环保绿皮书，商务部流通业发展司。

实显示，越来越多的零售企业重视节能环保，逐渐把节能环保列为企业长期战略的组成部分，将绿色形象与企业品牌密切关联……通过许多具体措施，中国零售企业积极参与全社会的环境友好行动，承担社会责任，在促进企业可持续发展的同时，也推动了国家可持续发展战略的实施。

我国面临的环境保护和可持续性发展的问题非常紧迫，要求我们在包括生产、流通、分配、消费及其废弃的全过程中，不断提高资源利用效率，向可持续、可再生、可循环的经济发展模式转变；要求人们将环境保护的理念与实践融入到全社会生产、交换、消费的各个方面，通过生产、批发、零售、消费等各个环节实施环境友好行为，实现人与自然的和谐发展来促进人与人、人与社会的和谐发展。商业企业尤其是大型零售企业的环境行动，既是企业承担社会责任、贡献于社会可持续发展的一种承诺；也是企业在可持续发展社会建设的大背景下，确立企业竞争优势、提升盈利水平的内在需要。

第8章
环境经营提升企业绩效的作用机制

8.1 环境经营与企业绩效

基于对环境经营战略地位的认同，学者们对环境经营与企业绩效的研究逐渐集中于：①环境经营与企业绩效是否相关？②如果相关，环境经营如何提高企业绩效？

如前文所述，对于环境经营与企业绩效是否相关的问题，研究者得出了不同结论。具有代表性的观点认为两者之间存在正相关。比如，哈特（Hart）和阿胡加（Ahuja）以美国 127 个生产企业为研究对象，得出企业实施环境经营战略可以实现环境效益与经济效益的双赢；鲁索（Russo）和福茨（Fouts）以243 个成长型美国制造企业为研究对象，验证了企业实施环境经营战略与经济效益具有正相关；克拉森（Klassen）和麦克劳克林（McLaughlin）、贾奇（Judge）和道格拉斯（Douglas）、克拉（Klassen）和怀巴克（Whybark）、瓦格纳（Wagner）和斯恰特

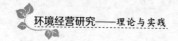

格尔（Schaltegger）同样得出企业实施积极的环境经营战略，将使企业获得相应的财务回报、获得较高的企业绩效，因此，环境投资是一项有经济价值的投资。也有研究指出，环境经营对企业绩效的提升，从短期内的财务指标上难以显现。

对此，莱因哈德（Reinhard）指出，仅从短期的财务指标来考虑环境经营是没有意义的，人们需要跳出企业是否应该"变绿"的争论，而探讨企业在什么条件下、在多长时间内能够收回投资，即探讨影响环境经营与企业绩效关系的约束条件和边界问题，进而探讨环境经营对企业竞争优势的影响。此后，越来越多的研究开始聚焦于环境经营如何提高企业的竞争优势。绝大多数研究得出的结论是企业积极实施环境经营，可以形成成本优势，从而获得竞争优势。如：哈特的研究认为环境投入可视为企业资源，能使企业成长过程中伴随的环境负荷最小化，有利于实现可持续发展。克拉森和麦克劳克林的研究还指出了环境经营使企业获得低成本竞争优势的三个主要途径：一是环境经营能够促使建立行业技术标准与行业管理规范，从而使得企业建立起行业定位优势；二是环境经营能够降低环境事故的发生概率，从而避免环境事故发生所带来的损坏和赔偿，降低被惩罚成本和管理者的精力成本；三是环境经营能够减少原材料使用，提高能源和其他资源的使用效率，从而形成较高的生产效率。克里斯特曼认为企业在环境经营上的先发优势也可以为企业带来成本优势，企业对环境的积极应对和战略性管理能够降低企业的资本成本，从而节省费用。日本学者金原达夫等对松下集团、住友化学、索尼等1000多家企业的研究表明，随着环境经营的持续开展，企业有可能获得竞争优势，环境效益与经济绩效存在显著的正相关。因此，企业应从动态角度考虑相关的成本投入，将减少碳排放与企业资源、企业创新和企业竞争力相结合；通过环境经营对竞争优势指标的动态作用，来影响企业的长期绩效。[1]与此同时，研究的范围在不断扩大。台湾地区学者詹姆士（James）等人通过对台湾企业绿色供应链的研究，认为环境经营与绿色供应链绩效有显著正相关，即企业参与绿色供应链管理实践有助于其降低成本，提高市场份额和销售增长率。[2]萨蒂延德拉（Satyendra）通过对印度企业的研究，指出环境经营战略可以通过提升商品跨国流通能力，更容易被进口国消费者接受，从而使企业有能力参与国际贸易而获得较高的经济效益；[3]加布里埃尔（Gabriel）[4]对澳大利亚的小企业进行了研究，证明环境经营通过竞争优势来提高市场份额等，从而提高企业绩效。这些研究已经将对企业绩效的考察指标从单纯静态的财务数据，扩展到市场份额、创新能力、成本下降、社会评价等与竞争优势密切相关的复合动态指标；研究对象从大企业扩展到中小企业、从单个企业延伸到整个供应链、从生产领域扩展到商品流通领域。在环境经营如何提升企业绩效的现有文献中，主要是讨论环境经营帮助企业形成了哪种竞争优势，如差异化优势、成本优势等，进而为企业带来绩效。但环境经营如何形成这些优势仍然是一个"黑箱"。从研究成果看，日本学者研究成果相对较多，他们以制造业为研究对象，研究了环境经营对组织方针、领导力、顾客响应等的影

---

〔1〕 参见葛建华："基于可持续发展视角的日本环境经营"，载《日本学刊》2010 年第 5 期。

〔2〕 James K. C. Chen A, B. et. al, "Perspective of Green Innovation, Green Supplier Capacity Explore Competitive Advantages with Green Supply Chain Management", BAI, *International Conference on Business and Information in Seoul*, S. Korea, July, 2008, pp. 7～9.

〔3〕 Satyendera Singh, "Effects of Environmental Management Standards on Business Performance in India", *IIMS Journal of Management Science*, Vol. 1, No. 1, 2010 (6～7), pp. 27～37.

〔4〕 Gabriel Ogunmokun. et al., "An Examination of Firms Environmental Marketing Practices, Acties, Sustainability and Business Performance", *International Journal of Humanities and Social Science*, 2012, 2 (3).

响。近年来，国内也有学者开始关注此问题，如杨德峰等认为对"环境经营——企业绩效"内部影响过程的研究对于揭示变量影响是非常重要的。[1]

8.2 环境经营对竞争优势的作用机制

8.2.1 研究假设与模型构建

从已有研究成果看，环境经营对绩效指标的影响分为直接作用和间接作用，如波特和林德认为节能可以直接削减企业的能源成本；金原达夫认为环境公益活动等对企业绩效有间接影响。这就意味着，环境经营可能通过影响形成竞争优势的要素而间接对企业绩效产生影响，也可能直接影响企业绩效。对于竞争优势的来源，资源基础论的资源学派认为竞争优势来源于企业拥有的资源[2]，能力学派认为竞争优势来源于组织能力[3]。

但是，这些相关研究都集中于制造业。笔者选择以零售企业为研究对象，一是拓展研究领域，阐明零售企业环境经营与企业绩效的作用机制，有助于解决零售企业如何开展环境经营、以提高企业绩效的现实问题；二是便于政府充分了解零售业在低

〔1〕杨德锋、杨建华："企业环境战略研究前沿探析"，载《外国经济与管理》2009年第9期。

〔2〕Barney, "Firm Resource and Sustained Competitive Advantage", *Journal of Management*, 1991, 17（1）, pp. 99~120.

Barney J. B., *Gaining and Sustaining Competitive Advantage*（2nd ed.）, New York：Pearson Education, Inc., 2002.

Wernerfelt B. A., "Resource - Based View of Firm", *Strategic Management Journal*, 1984（5）, pp. 171~180.

〔3〕Teece, D. J., G. Pisano and A. Shuen, "Dynamic Capabilities and Strategic Management", *Strategic Management*, 1997,（18/7）, pp. 509~533.

碳经济建设中所充当的桥梁角色,以便出台相应政策,实现零售企业环境成本——收益内部化,充分利用市场形成的倒逼机制,通过规范引导零售业实施环境经营来整合绿色供应链,由点(零售商)到面(各行业生产企业)地推动制造业加强环境经营,继而提高整个供应链的"绿化效益",共同解决供应链环境成本外部性问题;为政府提高相应政策法规的可操作性和实施绩效等,提供一个有效的切入点。

　　研究的基本假设为:环境经营将影响零售商的运营能力和战略资源的价值性、稀缺性、不可完全模仿性、不可替代性,实现"创新补偿"和"先发优势"带来的成本优势和差异化影响企业绩效。该基本假设实际上包含 4 个潜变量和若干显变量。

　　我们以与组织竞争优势直接相关的运营能力、战略资源为中间过程变量,通过路径图建立零售商环境经营直接或间接影响企业绩效的理论模型(图 8.1),对模型的验证运用结构方程模型取向的路径分析,以明确环境经营对企业绩效的作用路径。

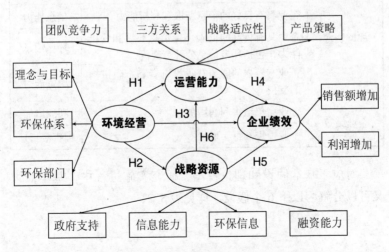

图 8.1　环境经营对企业绩效作用机制的理论模型

模型中的指标解释详见表8.1。该模型有4个潜变量，分别为环境经营战略、运营能力、战略资源和企业绩效，通过若干显变量对每个潜变量进行测量。

表8.1　环境经营对企业绩效作用机制的理论模型的指标解释及量表

潜变量	显变量	显变量(简称)
环境经营战略	企业有明确的低碳环保理念和战略目标	理念与目标
	企业有完整的低碳环保管理体系	环保体系
	企业有专门部门负责低碳环保工作	环保部门
运营能力	具备有竞争力的经营管理团队	团队竞争力
	具有良好的消费者、供应商和社会网络关系	三方关系
	能够适应内外部环境变化，及时调整经营战略	战略适应性
	有完善、有效的产品营销策略	产品策略
战略资源	企业有较强的能力获得政府支持	政府支持
	企业具有良好的信息获取和分析能力	信息能力
	企业具有良好的低碳环保信息获得和分析能力，包括环境信息公开与交流	环保信息
	企业有较强的能力获得投资者和金融机构的支持	融资能力
企业绩效	企业当年销售利润增加	利润增加
	企业销售额每年增加	销售额增加

对应于基本假设和理论模型，研究实施过程中，基本假设又可以分解为以下6个假设，详见表8.2：

表 8.2　本研究假设

假　设	内　　　容
H1	环境经营正向影响运营能力
H2	环境经营正向影响战略资源
H3	环境经营正向影响企业绩效
H4	运营能力正向影响企业绩效
H5	战略资源正向影响企业绩效
H6	战略资源正向影响运营能力

8.2.2　量表设计及抽样统计[1]

本研究共涉及 4 个潜变量，13 个显变量。以 4 个潜变量作为量表的题项，各显变量作为量表的指标，采用李克特 7 级量表测量。量表具体内容如下表所示。

表 8.3　环境经营与企业绩效量表

题　项	指　标	内　　　容
环境经营	理念与目标	有明确的低碳环保理念和战略目标
	环保体系	有完整的低碳环保管理体系
	环保部门	有专门部门负责低碳环保工作
运营能力	团队竞争力	具备有竞争力的经营管理团队
	三方关系	具有良好的消费者、供应商和社会网络关系
	战略适应性	能够适应内外部环境变化，及时调整经营战略
	产品策略	有完善、有效的产品营销策略

---

〔1〕 吴明隆：《问卷统计分析实务——SPSS 操作与应用》，重庆大学出版社 2010 年版。

续表

题　项	指　标	内　　　容
战略资源	政府支持	有较强的能力获得政府支持
	信息能力	具有良好的低碳环保信息获得能力和分析能力
	环保信息	企业具有良好的低碳环保信息获得和分析能力，包括环境信息公开与交流
	融资能力	有较强的能力获得投资者和金融机构的支持
企业绩效	销售额增加	每年销售额增加
	利润率增加	当年销售利润率增加

　　根据此量表，研究设计了调查问卷，在经济发达的北京、上海地区[1]、广州地区[2]（包括邻近区域）向零售商随机发放。从 2014 年 2 月至 9 月，本研究共发放问卷 831 份，回收有效问卷 415 份。其中，北京 146 个、上海地区 150 个、广州地区 119 个。由图 8.2 可知，样本在三个地区分布较均匀。

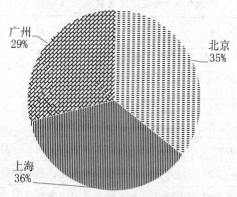

图 8.2　问卷样本的地区分布图

---

〔1〕　上海地区是指上海市及其他省如江苏、安徽、浙江等与上海靠近的城市，如南通市等。

〔2〕　广州地区是指广州市及其他珠三角内与广州靠近的城市，如东莞市等。

8.2.3　效度与信度

（1）效度。建构效度（Construct Validity）[1]分为收敛效度（Convergent Validity）[2]与区别效度（Discriminant Validity）[3]。

从收敛效度看，各显变量的因子负荷都在 0.5 以上，各潜变量的平均方差抽取值（AVE）大于 0.5，说明本模型收敛效度良好。[4]

从区别效度看，检验判别效度的最广泛方法是考察是否所有因素的 AVE 值均大于因素间相关系数的平方值。[5]由表 8.4 可知，本研究的 4 个潜变量的 AVE 值最小为 0.641；而潜变量间相关系数平方除了 0.815，最大值为 0.529。即除了战略资源与运营能力间的相关系数平方值（0.815），其他都小于最小的 AVE 值 0.641，见表 8.4。因此，本研究的区别效度达标。

表 8.4　各潜变量间相关系数平方值及各潜变量的 AVE 值

	环境经营	战略资源	组织能力	企业绩效	AVE
环境经营	1.000	–	–	–	0.641
战略资源	0.529	1.000	–	–	0.704

---

［1］　建构效度是效度的一种，并且是效度的核心，是量表能测量理论的概念或特质的程度。

［2］　收敛效度是指与测量相同潜变量的显变量之间的关系。潜变量的收敛效度高，说明其显变量能有效其潜在特质。

［3］　区别效度是指与测量不同潜变量的显变量之间的关系。潜变量的区别效度高，说明其显变量能有效与其他潜变量的显变量区别开。

［4］　AVE（Average Variance Extracted）：平均方差抽取量，直接显示显变量被潜变量所解释的变异量有多少是来自测量误差。计算公式：$\rho_v = \dfrac{\left(\sum \lambda\right)}{\left(\sum \lambda\right) + \sum \varepsilon}$，其中 λ 为因子负荷，ε 为测量误差（$\varepsilon = 1 - \lambda^2$）。

［5］　Fornell and Larcker, "Evaluating Structural Equation Models with Unobservable Variables and Measurement Erro", *Journal of Marketing Research*, 1981, 18（2）, pp. 39～50.

（2）信度。4 个潜变量的组合信度（Composite Reliability，C. R）[1]在 0.8 以上，为非常好。平均方差抽取量（AVE）均在 0.6 以上，为较好。[2]各显变量的项目信度均在 0.5 以上，为较好。[3]

从表 8.5 可以看出，各潜变量的 *Cronbach α* 系数均在 0.8 以上，为甚佳；整个量表的 *Cronbach α* 系数为 0.94，为非常理想。

以上数据说明本研究量表信度较佳，各潜变量与其对应的显变量之间内在一致性较好，模型质量佳。

表 8.5　本研究模型效度及信度检验表

	因子负荷	项目信度①	测量误差	组合信度（C. R）	平均方差抽取值（AVE）	*Cronbach α*
环境经营	—	—	—	0.8427	0.6414	0.861
理念与目标	0.758	0.575	0.425	—		
环保体系	0.817	0.667	0.333	—		
专职部门	0.826	0.682	0.318	—		
运营能力	—	—	—	0.9046	0.704	0.899
团队竞争力	0.817	0.667	0.333	—		
三方关系	0.819	0.671	0.329	—		
战略适应性	0.891	0.794	0.206	—		
产品策略	0.826	0.682	0.318	—		
战略资源	—	—	—	0.910	0.717	0.903

〔1〕 项目信度值为因子负荷的平方值。

〔2〕 Bogozzi, R. P. & Yi, Y., "On the Evaluation of Structural Equation Models", *Academic of Marketing Science*, 1988（16），pp. 76~94.

〔3〕 Bollen, K. A., *Structural Equations with Latent Variables*, New York：Wiley, 1989.

	因子负荷	项目信度①	测量误差	组合信度（C. R）	平均方差抽取值（AVE）	Cronbach α
政府支持	0.838	0.702	0.298	–	–	–
政府支持	0.838	0.702	0.298	–	–	–
环境信息	0.827	0.684	0.316	–	–	–
融资能力	0.843	0.711	0.289	–	–	–
企业绩效	–	–	–	0.8592	0.7533	0.855
销售额增加	0.841	0.707	0.293	–	–	–
利润率增加	0.894	0.799	0.201	–	–	–
整个量表	–	–	–	–	–	0.94
判别标准	>0.5	>0.5	>0	>0.7	>0.5	>0.7

8.2.4　参数估计 [1]

（1）参数估计结果。研究用结构方程模型（SEM）方法分析环境经营、组织能力、战略资源和企业绩效之间的相互作用，并通过 Amos21.0 对本研究的结构方程模型进行分析，以检验本研究提出的假设。

由上文效度及信度分析可知，本量表的效度信度皆为较好，因此可以进行参数估计。参数估计方法使用一般化最小平方法（Generalized Least Squares，GLS），结果如图8.3所示。数据表明：本研究的有效样本量为415，卡方值与自由度之比为2.3，说明实际数据与模型比较吻合，可以解释所建立的理论模型。

---

〔1〕　待估参数包括：回归系数（路径系数和因子负荷）、方差、协方差。

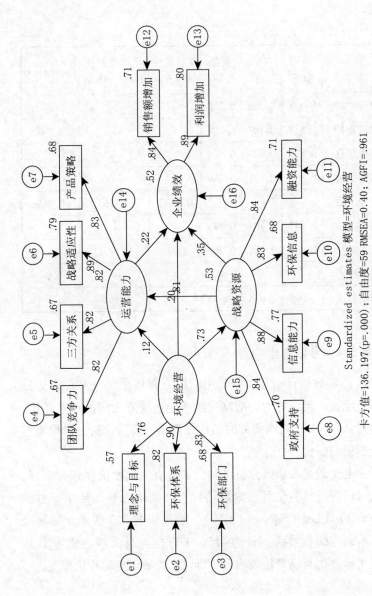

Standardized estimates 模型=环境经营

卡方值=136.197 (p=.000)；自由度=59 RMSEA=0.40；AGFI=.961

图8.3 参数估计结果（标准化）

（2）拟合度。为审慎起见，我们再从 3 个方面对模型拟合度进行评价，即基本适配度评估、模型内在适配度评估和整体适配度评估，以充分检验模型质量，结果如表 8.5 所示。基本适配度评估和模型内在适配度评估反映了模型的内在质量，整体适配度评估反映了模型的外在质量[1]。

从基本适配度评估来看，各研究变量的观测变量因子载荷绝大部分在 0.5 ~ 0.95 之间，都达到 0.001 的显著性水平，且没有负测量误差，这表明模型符合基本拟合标准。

模型内在适配度包括测量模型的评价和结构模型评价。以上对量表的效度和信度分析说明了测量模型的质量佳，13 个显变量能够充分反映其相对应的潜变量。在结构模型评价方面，潜变量路径系数符号与假设的方向一致，且路径系数均达到显著，项目信度（因子负荷的平方）都在 0.5 以上。因此，可以说本模型的内在适配度较佳。

基本适配度和内在适配度的评估结果均说明本研究模型的内在质量较好。

整体适配度评估包括绝对适配度指标、增值适配度指标和简约适配度指标。[2]在绝对拟合度指标中，GFI = 0.975、AGFI = 0.961 都大于 0.9 的理想标准[3]，RMSEA = 0.040 < 0.05，符合理想标准值[4]，因而绝对拟合度指标在可接受范围内。从增值拟合度指标来看，IFI（0.920）和 CFI（0.918）都

---

〔1〕 Bagozzi R. P. & Yi Y. , "On the Evaluation of Structural Equation Models", *Academy of Marking Science Journal*, 1988, 16 (1), pp. 74 ~ 94.

〔2〕 Hair, J. F. Jr. , Anderson, R. E. , Tatham, R. L. & Black, W. C. , *Multivariate Data Analysis with Reading* (3rd ed.), New York: Macmillan Publishing Company, 1992.

〔3〕 Hu, L. T. , Bentler, P. M. , "Cutoff criteria for fit indexes in covariance", *Structural Equation Modeling*, 1999, 6 (1), pp. 1 ~ 55.

〔4〕 Browne M. W. & Cudeck R. , " Alternative Ways of Assessing Model Fit ", in K. A. Bollen, & J. S. Long (eds.), *Testing Structural Equation Models*, 1993, pp. 133 ~ 162.

大于 0.9，因而增值拟合度指标非常理想。从简约拟合度指标来看，NC（χ^2/df）= 2.308 < 3，PNFI = 0.655 > 0.5 [1]，CN = 478 > 250，理论模型的 CAIC 值小于独立模型的和饱和模型的 CAIC 值，因而简约拟合度指标比较理想，模型比较简约。

通过对以上三类指标拟合度的评估，见表 8.6，我们认为：本模型的整体适配度好，模型的外在质量也很理想。这说明问卷样本数据与模型契合度较理想，参数估计结果较可信，也意味着问卷数据的评估对模型具有解释和验证作用，符合本研究目标。

表 8.6　模型拟合度评价表

	统计检验量	值	适配标准
绝对适配度指数	χ	136.108（p < 0.001）	（p > 0.05）
	GFI	0.975	> 0.9
	AGFI	0.961	> 0.9
	PGFI	0.632	
	RMSEA	0.040	< 0.05
增值适配度指数	IFI	0.920	> 0.9
	> 0.9	CFI	0.918

---

〔1〕 吴明隆：《结构方程模型——AMOS 的操作与应用》，重庆大学出版社 2010 年版。

续表

	统计检验量	值	适配标准
简约适配度	PNFI0. 655	> 0. 5	
	CN	478（P = 0. 05）	> 250
	NC	2. 308	1 < NC < 3
	CAIC	383. 513（703. 305，1119. 64）	理论模型的 CAIC 值小于独立模型的 CAIC 值，且小于饱和模型的 CAIC 值

8.2.5　结果分析

（1）假设检验。通过上文对模型拟合度的分析，本模型拟合情况较佳，参数估计结果较可信，因而可以进行假设检验。假设检验结果如表 8.7 所示，可见各假设均得到了验证支持。

表 8.7　研究假设验证结果

	假　设	路径系数	C. R. [1]	P	验证结果
H1	环境经营正向影响运营能力	. 124	3. 488	＊＊＊	支持
H2	环境经营正向影响战略资源	. 727	18. 386	＊＊＊	支持
H3	环境经营正向影响企业绩效	. 201	3. 543	＊＊＊	支持
H4	运营能力正向影响企业绩效	. 221	2. 315	. 021	支持
H5	战略资源正向影响企业绩效	. 350	3. 584	＊＊＊	支持
H6	战略资源正向影响运营能力	. 813	18. 516	＊＊＊	支持

---

〔1〕（C. R. ）Critical Ratio：临界比，是参数估计值（路径系数）与标准误的比值，相当于 t 检验统计值。

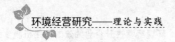

（2）效应分析。

表8.8 标准化总效应

	环境经营	战略资源	运营能力	企业绩效
战略资源	0.727	–	–	–
组织能力	0.715	0.813	–	–
企业绩效	0.613	0.530	0.221	–

表8.8反映了环境经营、战略资源、运营能力对企业绩效的影响。首先是环境经营，从标准化总效应可以看出，企业实施环境经营战略对企业绩效的总效应比起战略资源和组织能力，为最大（0.613），即环境经营潜变量每提升1个单位，企业绩效潜变量将提升0.613个单位；尤其是企业降低能源消耗等措施，将直接降低企业的经营成本。既往研究证明在企业的环境经营体系中，高层的理念和环境经营目标设定、主管企业环境经营者的领导力和话语权等，直接影响着企业环境经营开展的力度、部门之间的协作和员工参与程度；环保体系、环保部门的建立，则影响着环境经营开展的统筹、监控、审计等，进而影响企业绩效，如商场节能量交易机制建立和温室气体排放核查制度等。零售企业每年制定相应废弃物减排目标，将纸箱、玻璃、金属等可回收循环使用的废弃物当作废品出售，既增加了经济效益又间接提高了资源再利用。有的企业设有专门的环保部门，并通过了环境管理体系认证，这些都保证了企业环境经营运行的规范性、完整性、持久性，也使企业更符合政府、社会和消费者的期待而具有更好的企业形象。零售业竞争激烈程度加剧，通过环境经营可以不断促进企业实现成本的降低和品牌认同度的提升，对企业绩效产生积极影响。

其次是战略资源,即战略资源潜变量每提升 1 个单位,企业绩效潜变量将提升 0.530 个单位。企业实施环境经营,也将有利于提高企业战略资源能力,数据分析显示环境经营潜变量每提升 1 个单位,战略资源将被提升 0.727 个单位,并作用于企业绩效的提升。从测量战略资源的显变量来看,政府支持实际上表现为国家生态文明战略的实施及相关法律法规的日益严格和完善,也表现为国家政策对节能环保的支持。“十二五”以来,我国加大了推进节能减排的力度,陆续出台了多项相关的法律法规及标准政策,既包括国家和地方的一些强制性制约政策与手段,也包括经济激励手段,如补贴等。商务部与中国连锁经营协会推出的“低碳示范商店”行动计划等,都促进了零售企业实施环境经营,进而影响到企业绩效。据报道,与普通门店相比,沃尔玛在中国的节能门店节电约 40%,节水约 50% 左右。信息尤其是环保信息的获得和及时解读,都会影响企业经营绩效。比如政府的许多鼓励性政策往往是阶段性或非常规的,一些企业由于无从获知相应的政策信息而错失良机。如 2013 年北京市发改委针对重点用能单位发放碳排放指标,要求企业提交碳排放报告和核查工作,但在实施过程中,受碳排放年度指标基数设定及信息不畅等影响,造成一些大型零售企业为碳排放超标受罚或买碳。连锁零售企业门店的分散性、政策发布源的多样性、各地政策的差异性等,都对企业的信息能力提出了较高要求,特别是全国不同地区关于低碳环保的政策信息和市场状况各有不同,企业总部如何很快获知最新的政策动向和市场信息,及时整合信息制定相应的低碳环保战略,及时向社会公开自身在低碳环保方面所采取的措施及绩效等,都是对企业相关信息能力的考验。同时,零售企业如何进行企业内部的低碳环保信息整合,也是改善管理、提高绩效的关键。比如零售企业能耗点众多，能源使用状况差异巨大，节能必须从每一个关键能耗点上挖掘潜力，必须用数据说话并依据日常的能耗数据实现有效地对比和分析，实现精细化管理，进而提高企业绩效。从融资状况来看，绿色金融正在我国兴起，金融机构的绿色信贷，证券市场的绿色证券等，都有利于开展环境经营的企业获得政策红利和较低成本的资金支持，提高企业对战略资源的掌控能力。

最后是运营能力。其每提升 1 个单位，企业绩效潜变量将提升 0.221 个单位，提升幅度十分微弱。环境经营对企业运营能力的效应分别为 0.715，也间接作用于企业绩效。随着人们环境意识的提高，企业实施环境经营战略，提高市场适应性。企业管理团队的经营理念、对市场观察的敏锐程度等，都构成了经营团队的竞争力。顺应可持续发展社会要求的环境经营措施的提出和实施，反映了企业管理团队的高瞻远瞩，其相应的战略及产品策略也就具有了适应性。如在门店节能运营方面开展一系列严格的管控措施，实现了全流程的绿色低碳。包括实施错峰用电方案，对员工进行常态化的环保节能知识及相关岗位技能培训，制定年度能耗费用率指标并与员工绩效挂钩，每年评选各分店的节约之星；提高门店所经营的环保节能产品种类，加快节能环保产品推广，联合行业权威机构开展节能低碳生活宣传活动；抑制一次性用品使用，严格执行限制商品过度包装和塑料购物袋有偿使用制度，促进在全社会形成崇尚节俭、科学消费和绿色消费的消费理念和生活方式，如通过会员积分等举措鼓励顾客使用环保购物袋、回收月饼盒、矿泉水瓶等，引导绿色消费等。

据相关研究，供应链能耗约占零售业总能耗的 70% 左右，一些生鲜食品的能耗占比更高。越来越多的零售企业意识到绿色供应链建设的重要性，逐渐加大针对供应链和物流环节的节能环保措施，对上游使用采购选择权，要求供应商走"绿色低碳"之路，将供应商是否遵守环境法规作为选择合作的重要因素，对有严重环境违法行为的供应商，则中止与供应商的合作关系；如零售企业与绿色低碳商品的生产企业建立战略合作，从产品源头抓起，引导生产企业低碳化、标准化和品牌化生产，限制和拒绝高耗能、高污染、过度包装产品，打造绿色低碳供应链。这些体现在运用层面的措施，反映出可持续发展国策和绿色消费意识增强背景下，企业战略的动态适应性，促进了企业竞争力的提高。

综上所述，无论从直接效应还是间接效应来看，环境经营对企业绩效都具有重要影响，且战略资源、运营能力相互间也呈正向作用，皆有利于提高企业绩效。

2014 年，商务部《关于大力发展绿色流通的指导意见》中明确提出流通联接生产和消费，在国民经济中具有基础性和先导性作用。绿色流通是在流通全过程中推广绿色低碳理念，应用绿色节能技术，推动流通企业节能减排，扩大绿色低碳商品的采购和销售，有效引导绿色生产和绿色消费，促进形成"新商品——二手商品——废弃商品"循环流通的新型发展方式，是建设生态文明的重要组成部分。发展绿色流通，是引导绿色生产，促进绿色消费，打造绿色供应链的有效手段；是深化流通体制改革，转变发展方式，实现流通业提质增效的积极探索；对促进国民经济健康可持续发展，构建节约资源和保护环境的产业结构、生产方式和生活方式具有重要意义。随着国家"十二五"节能减排力度的不断加大，大型的零售企业作为用能重点单位已被纳入强制性碳排放的企业名单，2013 年北京就已开始对所属的零售企业执行碳排放核算，超过总量的部分必须在

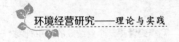

碳交易所进行购买，否则将予以处罚。同时，政府对零售商等价值链末端企业的环境规制力度的提高，也将促进上游生产型企业加快产业升级的步伐，顺利实现产业转型。

对零售商而言，加强环境经营，提高店铺的节能环保措施，也是降低成本的需要。零售业是微利行业，水、电等能源费用的支出是零售企业三大主要成本支出之一，其中水电费用约占年销售总额的1%左右，大型超市和便利店两种业态的能源费用占比最高，专业店的能耗占比相对较低。因此，不同业态的零售企业根据自身的特点和运营模式深入挖掘低碳环保空间，不仅能更好地满足环境标准和法规的要求，也能更有效地降低运营成本空间。如百货和购物中心的节能改造应主要集中于照明、动力和空调；超市、大型超市和便利店业态的主要能耗点是冷冻冷藏设备。同时，零售企业的绿色环保形象在一定程度上影响消费者的购买选择决策。2013年全国连锁经营协会的调查表明：48.64%的受访者表示尽可能优先去具有积极环保形象的商家，39.76%认为商家积极的环保形象会对本人的购买决策产生一定影响。消费者在选择商场时不仅考虑产品价格和产品种类多样性，同时产品是否有绿色产品可以选择成为一项极为重要的参考指数。

所有这些，都意味着在对环境经营的研究中，零售行业不应该被继续忽视。

8.3　环境经营与零售商经营绩效

在本次问卷调查中，研究者同时对被调查零售企业实施环境经营后的企业绩效变化情况进行了调研，数据的信度和效度检验如前所述，企业绩效的具体变化分析如下：

　　考虑到环境经营投入产生收益的滞后性，问卷对与零售商绩效相关指标设定"为当年的变化是大于或者等于零"。通过描述性分析，我们可以看到零售企业实施环境经营以来，企业当年利润率变化、销售额变化和成本费用变化总体上皆大于或等于零，如表 8.9 所示。

表 8.9　零售企业绩效描述统计量（1）

绩效项目	N	极小值	极大值	和	均　值	标准差
当年利润率变化 > = 0	306	1	5	444	1.45	.780
当年销售额变化 > = 0	306	1	4	432	1.41	.706
当年成本费用变化 > = 0	303	1	4	527	1.74	.877
有效的 N（列表状态）	303					

　　如果当年的投入收益为零，研究者希望了解：这些绩效指标从第几年开始大于零？从问卷数据的描述性分析来看，企业销售额利润、销售额变化率平均在 3 年后就会变为正数，即 3 年后企业环保经营开始获利；而企业的成本费用则是在约 2.85 年就开始转变为正，见表 8.10。

表 8.10　零售企业绩效描述统计量（2）

绩效项目	N	极小值	极大值	和	均　值	标准差
销售额利润从第几年为正	290	1	6	886	3.06	1.386
销售额变化率从第几年	289	1	6	884	3.06	1.443
成本费用变化率为正	286	1	6	816	2.85	1.446
有效的 N（列表状态）	284					

　　这一数据分析结果，验证了环境经营对企业绩效增长的滞

后性影响，且对于零售商而言，这种滞后周期大约为 3 年，比其他学者对工业企业的研究所得出的 1 ~ 2 年的滞后期更长一些。究其原因，研究者认为：零售企业的环境经营措施从运营中的节能来看，初期投入度比较大，对当年的盈利贡献较小，但会对后续节能效益产生直接影响；而通过绿色商品销售能带来的利润，还需要得到供应商的配合和消费者的认可才能实现。这些，都需要消耗时间成本。这一研究结论，有助于零售企业决策者在制定环境经营战略时，充分考虑时间周期并向利益相关者说明。随着全社会低碳环保和可持续发展理念的深入、低碳环保技术的进步和低碳环保消费者的增加，这一滞后期有望会缩短。

在此基础上，我们希望了解低碳环保商品对企业绩效的贡献。见表 8.11。

表 8.11　零售企业绩效描述统计量（3）

	N	极小值	极大值	和	均　值	标准差
低碳环保商品销售额每年增长	307	1	7	1550	5.05	1.605
低碳环保商品利润率每年增长	305	1	7	1501	4.92	1.550
每年免费塑料袋都有所减少	307	1	7	1583	5.16	1.685
有效的 N（列表状态）	305					

从企业自身的认知来看，被调查企业的低碳环保商品的销售额每年都在增长，这可以理解为低碳环保商品种类的增多和购买者的增多；低碳环保商品的销售利润率每年增长，也验证了由于稀缺性，低碳环保商品的市场价格普遍高于一般商品的现实，这也为零售企业提供了新的利润空间。这样的市场信号，

更有利于低碳环保商品的开发、生产和销售，从而促进生产企业的转型升级。

因此，无论从对环境经营对企业竞争优势的作用来看，还是从企业环境经营对企业绩效的具体影响来看，环境经营对企业绩效都具有正向作用；开展环境经营对零售企业来说，既能够带来经济效益，也能带来良好的环境效益和社会效益。

8.4　零售商实施环境经营的动机分析

前期研究表明：企业开展环境经营的动机各异。既然如此，研究者希望了解零售商开展环境经营的具体动机。对此，问卷设计了五个项目：法律法规压力、消费者压力、增加销售额、成本节约和改善企业形象。从调查数据的分布形状来看，增加销售额、成本节约、改善形象这三个变量都呈左偏分布，而"法规压力"和"消费者压力"对称分布。详见表 8.12，图 8.4~8.8。

结合中位数看，最靠近完全同意的是"成本节约"和"改善形象"（中位数都为 6），表明开展环境经营能节约成本和改善形象得到了较强烈的同意；而"增加销售额"次之（中位数为 5），表明对开展环境经营能增加销售额的认同程度没有前两者强；最弱的是"法律法规压力"和"消费者压力"（中位数和众数都为 4），表明因法律法规压力或消费者压力而开展环境经营虽然得到认同，但还不是刺激企业开展环境经营的最优先考虑，能够增加经济绩效更能促进零售商开展环境经营。因此，相关政策法规强调对企业环境经营的各种经济性的认同和评价，消费者对环境友好型产品与服务价值的认可，都能更好地促进零售商开展环境经营。

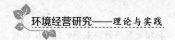
表 8.12　零售商开展环境经营的动机分析

	增加销售额	成本节约	改善形象	法规压力	消费者压力
中位数	5	6	6	4	4
众数	7	7	7	4	4

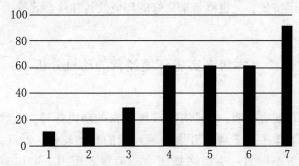

图 8.4　零售商环境经营"增加销售额"的问卷调查分布情况

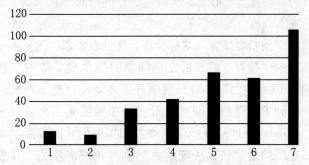

图 8.5　零售商环境经营"带来成本节约"的问卷调查分布情况

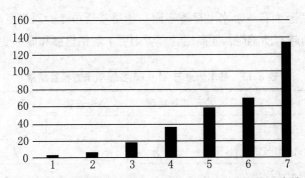

图 8.6 零售商环境经营"改善企业形象"的问卷调查分布情况

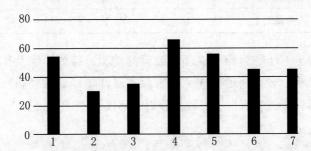

图 8.7 零售商环境经营迫于"法规压力"的问卷调查分布情况

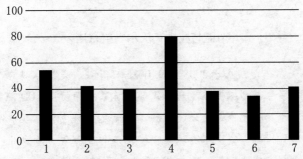

图 8.8 零售商环境经营"消费者压力"的问卷调查分布情况

联合分析基本信息和上述动机数据,通过卡方检验,发现年销售额、是否连锁以及问卷回答者职位的高低,对各项的同

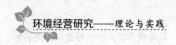

意程度至少有一个水平显著不同。越是基层员工，对来自消费者的压力越有所感应，而高层管理者则更了解销售额和成本变化。

表 8.13　基本信息与 E1 – E6 各题项卡方检验结果

	年销售额	是否连锁	职位高低
增加销售额	－	－	显　著
成本节约	显　著	－	显　著
改善形象	－	－	－
法规压力	－	显　著	－
消费者压力	显　著	显　著	－

以上对于零售商开展环境经营的动机、绩效影响及作用机制的分析，较全面地展现了零售商实施环境经营的动机。附录中的具体案例，有助于对数据分析的解读。

附录8.1

节能与减排：沃尔玛望京店

沃尔玛望京店于 2008 年 9 月 25 日开业，是沃尔玛在中国开设的首家新型环保节能店，是世界首家全面使用 LED 照明技术的大卖场。无论是设计还是施工，无不体现着沃尔玛在安装高效节能设备、减少环境污染、优化工作流程等方面所进行的大胆创新和实践，能效提高 40.16%，超过原计划能效提高 40% 的目标；用水减少 54.17%，超过原计划用水减少 50% 的目标。

这些创新和实践不仅为沃尔玛也为其他零售商今后建店提

供环保节能新思路和有效参照标准。

(1) 节能措施。安装高效节能设备：主要用于照明设备、冷冻/暖通空调系统、运送顾客及其手推车的自动坡梯。比如在商场普通照明，冷冻柜，化妆品区域广泛采用 LED 代替传统灯具；在果蔬、肉类、面包区采用无极电磁感应灯来代替传统灯具；使用高效能电动机、压缩机、电子膨胀阀等节能设备；为冷凝器风扇、冷冻泵增加变频控制系统；冻柜加装滑盖门；根据季节变化，在保证顾客舒适度的前提下，人工调整商场空调系统的温度设定；为冷冻系统加装余热回收装置，回收的余热可为店内提供热水，减少资源浪费；改善能源管理系统，进一步调整和优化各个设备的运行参数设置，促进合理、有效的利用能源；在人流量低的地方安装定时器、动态感应器等设备，进一步有效地减少低人流区域的照明能耗；在自动坡道加装变频器，等等。

(2) 减少对环境的污染。使用环保材料，如空调制冷剂采用暖通空调无氯冷媒，不破坏空气臭氧层；使用可以循环利用组合式微型母线槽代替传统以桥架的布线方式；使用废水回收系统，节约用水；优化工作流程以减少能耗；自然解冻取代流水解冻；减少开启电视墙的电视数量；空调温度控制在27－28 摄氏度（夏天）；严格控制冰鲜产品陈列的覆冰率；鲜食部门分装水表，监控部门用水。

从 2005 年开始，沃尔玛将可持续发展作为其全球发展至关紧要的使命，制定了"可持续发展 360 战略"，并开始为三大目标而努力，包括：百分之百使用可再生能源；"零"浪费；出售利于资源和环境的商品。

资料来源：沃尔玛北京望京店入选"百家低碳示范商店"，载 http://www.prnasia.com/pr/2011/04/15/110351621.shtml.

附录8.2

百盛北京太阳宫店节能效果

百盛北京太阳宫店总建筑面积 7 万平方米，2009 年建设完成，2010 年开始营业，建筑的整体能耗水平低于大型公建的平均水平，位于现场大型机电设备（冷机、水泵、空调机组）均为高效节能新型设备，一般性的节能手段潜力不大。2013 年太阳宫店采用合同能源管理的模式对空调制冷与供暖深挖节能潜力。经过 2 个月的节能改造后，节能效果极为显著，见表 8.12。

表 8.14　百盛北京太阳宫店节能效果

序　号	设　备	现　状	节能改造设计	节能率%
	冷冻机	无逻辑启动，不能实现冷机、泵之间的联锁启停，不能根据负荷变化自动控制机组设备开启数量。	控制系统根据系统冷冻水供水/回水温和制冷机组运行电流及冷媒压力/温度等据，自动准确计算出大楼空调实际所需要的冷负荷。根据需求冷量调节冷机负荷，并控制冷机台数。在满足系统负荷的前提下，最大程度地低能源消耗。	30
	冷冻水泵	手动控制	控制系统根据一次和二次水管路之间的压力传感器提供的信号，与设定值进行比较自动冷冻水泵的转速，从而在保持系统压力平衡的同时充分发挥一次泵变流量的节能特性。	35

续表

序　号	设　备	现　状	节能改造设计	节能率%
	冷却水泵	手动控制	降低冷却水流量，增大冷却水温差，冷却水设定上限，然后根据流量最佳化调节。	35
	冷却塔	手动控制	控制系统通过调节冷却塔风机的运行数量保持冷却水的出水温度，为冷水机组的高效运行创造良好的环境。	15
	空调机组/新风机组	不能根据室内外温度变化、室内温度实际值，自动调节免费供冷。	完善机组软硬件确保机组冷热量的自动控制环节对送风温度的控制。根据室内环境质量需求自动调整空调机组负荷。实现风机耗电量的控制。	60
	空调水系统	循环压差小，水路运行不畅。	增加空调水系统放气装置，维修自动补水装置，对补水控制系统重新调整。	20
	电量监测	没有对相关用电设备进行电量检测	对被控设备加转无线电量采集装置，监测用电量。	

资料来源：商务部流通业发展司《2014 中国零售业节能环保绿皮书》。

参考文献

一、中文论著

1. 李静江：《企业绿色经营——可持续发展必由之路》，清华大学出版社 2006 年版。

2. 洪银兴主编：《可持续发展经济学》，商务印书馆 2000 年版。

3. 郭显锋、张新力、方平主编：《清洁生产审核指南》，中国环境科学出版社 2007 年版。

4. 金寅镐、路江涌、武亚军：《动态企业战略：最佳商业范式的发现和实现》，北京大学出版社 2013 年版。

5. 李建珊主编：《循环经济的哲学思考》，中国环境科学出版社 2008 年版。

6. 吴明隆：《结构方程模型：AMOS 的操作与应用》，重庆大学出版社 2010 年版。

7. 杨彦云：《人口、资源与环境经济学》，中国经济出版社 1999 年版。

8. 诸大建、邱寿丰："生态效率是循环经济的合适测度"，载《中国人口·资源与环境》2006 年第 5 期。

9. 陈效述等："中国经济系统的物质输入与输出分析"，载《北京大学学报（自然科学版)》2003 年第 4 期。

10. 陈效述、乔立佳："中国经济——环境系统的物质流分析"，载《自然资源学报》2000 年第 1 期。

11. 陈迎："国际环境制度的发展与改革"，载《世界政治与经济》2004 年第 4 期。

12. 陈永梅、张天柱："北京住宅建设活动的物质流分析"，载《建筑科学与工程学报》2005 年第 3 期。

13. 段文、晁罡、刘善仕："国外企业社会责任研究述评"，载《华南理工大学学报（社会科学版)》2007 年第 3 期。

14. 蔡玉平、张元鹏："绿色金融体系的构建：问题及解决途径"，载《金融理论与实践》2014 第 9 期。

15. 葛建华："基于可持续发展视角的日本环境经营"，载《日本学刊》2010 年第 5 期。

16. 和秀星："实施绿色金融政策是金融业面向 21 世纪的战略选择"，载《南京金专学报》1998 年第 4 期。

17. 江莹、周世祥："浅析生态环境与企业可持续发展的互动机制"，载《华章》2011 年第 1 期。

18. 林兆木："中国经济转型升级势在必行"，载《经济纵横》2014 年第 1 期。

19. 陆景："社会环境对企业竞争力的影响"，载《江苏科技信息》2011 年第 3 期。

20. 冷静："绿色金融发展的国际经验与中国实践"，载《时代金融》2010 第 8 期。

21. 黎建新、王璐："促进消费者环境责任行为的理论与策略分析"，载《求索》2011 第 10 期。

22. 刘滨、向辉、王苏亮："以物质流分析方法为基础核算我国循环经济主要指标"，载《中国人口·资源与环境》2006 年第 4 期。

23. 刘毅、陈吉宁："中国磷循环系统的物质流分析"，载《中国环境科学》2006年第2期。

24. 罗喜英、肖序："ISO14051物流成本会计国际标准发展及意义"，载《标准科学》2009年第7期。

25. Michael E. Porter、Mark R. Kramer，"公司与社会有福同享"，载《哈佛商业评论中文版》2006年第11期。

26. 马中东、陈莹："环境规制、企业环境战略与企业竞争力分析"，载《科技管理研究》2010年第7期。

27. 孟民等："吉林省生态经济城市评价指标体系的建立及应用"，载《东北师大学报（自然科学版）》2008年第2期。

28. 彭建、王仰麟、吴健生："区域可持续发展生态评估的物质流分析研究进展与展望"，载《资源科学》2006年第6期。

29. 杨东宁、周长辉："企业自愿采用标准化环境管理体系的驱动力：理论框架及实证分析"，载《管理世界》2005年第2期。

30. 杨典："国家、资本市场与多元化战略在中国的兴衰——一个新制度主义的公司战略解释框架"载《社会科学研究》2011年第6期。

31. 晏维龙："生产商主导 还是流通商主导——关于流通渠道控制的产业组织分析"，载《财贸经济》2004年第5期。

32. 杨德锋、杨建华："企业环境战略研究前沿探析"，载《外国经济与管理》2009年第9期。

33. 王国印、王动："波特假说、环境规制与企业技术创新——对中东部地区的比较分析"，载《中国软科学》2011年第1期。

34. 许旭、金凤君、刘鹤："产业发展的资源环境效率研究进展"，载《地理科学进展》2010年第12期。

35. 徐明、张天柱："中国经济系统中化石燃料的物质流分析"，载《清华大学学报（自然科学版）》2004年第9期。

36. 徐一剑、张天柱、石磊等："贵阳市物质流分析"，载《清华大学学报（自然科学版）》2004年第12期。

37. 叶强生、武亚军："转型经济中的企业环境战略动机：中国实证研究",载《南开管理评论》2010年第3期。

38. 俞金香、贾登勋:"论消费者参与循环经济的法律义务",载《河南师范大学学报(哲学社会科学版)》2012年第6期。

39. 张嫚:"环境规制与企业行为间的关联机制研究",载《财经问题研究》2005年第4期。

40. 周曙东:"两型社会建设中企业环境行为的驱动力研究",载《求索》2013年第5期。

41. 赵亚平、李萍:"从顾客价值迁移考察沃尔玛的绿色经营",载《生态经济》2007年第9期。

二、外文文献

1. Aguilera R. V., Jackson G., "The Cross – National Diversity of Corporate Governance: Dimensions and Determinants", *The Academy of Management Review*, 2003, 28 (3).

2. Burke L., Logsdon J., "How Corporate Social Responsibility Pays off", *Long Range Planning*, 1996, 29 (4).

3. Berman E., Bui L. T., "Environmental Regulation and Productivity: Evidence from Oil Refineries", *The Review of Economics and Statistic*, 2001, 88 (3).

4. Barbera A. J., McConnel V. D., "The Impact of Environmental Regulations on Industry Productivity: Direct and Indirect Effects", *Journal of Environmental Economics and Management*, 1990, 18 (1).

5. Bjärn Stigson, "Eco – efficiency: Creating more Value withless Impact", *WBCSD*, 2000.

6. Bogozzi, R. P., & Yi, Y., "On the Evaluation of Structural Equation Models", *Academic of Marketing Science*, 1988 (16).

7. Barney, "Firm Resource and Sustained Competitive Advantage", *Journal of Management*, 1991, 17 (1).

8. Barney J. B. , *Gaining and Sustaining Competitive Advantage* , 2nd ed. , New York: Pearson Education, Inc. , 2002.

9. Bagozzi, R. P. , & Yi, Y, "On the Evaluation of Structural Equation Models" , *Academy of Marking Science Journal* , 1988, 16 (1).

10. Browne, M. W. , & Cudeck, R. , "Alternative Ways of Assessing Model Fit" , in K. A. Bollen, & J. S. Long (eds.), *Testing Structural Equation Models* , 1993.

11. Carroll A. B. , "The Pyramid of Corporate Social Responsibility toward the Model of Management Organizational Stakeholders" , *Business Horizons* , 1991, 34 (4).

12. Denison E. F. , "Accounting for Slower Economic Growth: The United States in the 1970s" , *Southern Economic Journal* , 1981, 47 (4).

13. Fden Hond, "Industrial Ecology a Review" , *Regional Environmental Change* , 2000, 1 (2).

14. Gray W. B. , "The Cost of Regulation: OSHA, EPA and the Productivity Slowdown" , *American Economic Review* , 1987, 77 (5).

15. Hart, S. L. and G. Ahuja, "Does it pay to be green? An Empirical Examination of the Relationship between Emission Reduction and Firm Performance" , *Business Strategy and the Environment* , 1996, 5 (1).

16. Hines etc, "Analysis and Synthesis of Research on Responsible Environmental Behavior: A Metal Analysis" , *Journal of Environmental Education* , 1986 ~ 87 (18).

17. Hart, S. L. , "A Natural – resource – based View of the Firm" , *Academy of Management Review* , 1995, 20 (4).

18. Hongo Akash, "Does environmental management increase Firm Value" , *Social Science* , 64 COE Special Edition, 2008.

19. Hu, L. T. , Bentler, P. M. , "Cutoff Criteria for Fit Indexes in Covariance" , *Structural Equation Modeling* , 1999, 6 (1).

20. Igarashi Yuma et. al. , "Dynamic Material Flow Analysis for Stain

Less Steel's in Japan and CO_2 Emissions Reduction Potential by Promotion of Closed Loop Recycling, Tetsu – To – Hagane", *Journal of the Iron and Steel Institute of Japan*, 2005, Vol. 91, No. 12.

21. Jorgenson D. J. , Wilcoxen P. J. , "Environmental Regulation and U. S Economic Growth", *The RAND Journal of Economics*, 1990, 21 (2).

22. Janet E. Kerr, "The Creative Capitalism Spectrum: Evaluating Corporate Social Responsibility Throughale – Gallens", *Temple Law Review*, Fall, 2008.

23. Klassen. R. D. , and McLaughlin C. P. , "The Impact Environmental Management on Firm Performance", *Management Science*, 1996, 42 (8).

24. Lee H. L. , So K. C. , Tang C. S. , "The Value of Information Sharing in Two – Level Supply Chain", *Management Science*, 2000, 46 (5).

25. Lanjouw J. O. , Mody A. , "Innovation and the International Diffusion of Environmentally Responsive Technology", *Research Policy*, 1996, 25 (4).

26. Milton Friedman, "The Social Responsibility of Business is to Increase its Profits", *The New York Times Magazine*, 1970, September.

27. Porter, M. E. and C. v. d. Linde, "Green and Competitive: Ending the Stalemate", *Harvard Business Review*, 1995 (9 ~ 10).

28. Porter ME, Linde C. , "Toward a New Conception of the Environment – Competitiveness Relationship", *Journal of Economic Perspectives*, 1995, 9 (4).

29. Porter, Michael E. , and Mark R. , " Kramer: Creating Shared Value", *Harvard Business Review*, 2011 (1).

30. Porter, Michael E. , and Mark R. Kramer, "Creating Shared Value", *Harvard Business Review*, 2011 (1 ~ 2).

31. Porter, M. E. , "What is strategy? ", *Harvard Business Review*, 1996 (11 ~ 12).

32. Peterson, Kyle, Mike Stamp, and Sam Kim, "Competing by Saving

Lives: How Pharmaceutical and Medical Device Companies Create Shared Value in Global Health", *FSG*, March, 2012.

33. Rugman, A. M. , A. Verbeke, "Corporate Strategies and Environmental Regulations: An Organizing Framework", *Strategic Management Journal*, 1998 (19).

34. Maxwell et al. , "Voluntary Environmental Investment and Regulatory Flexibility", *Working paper, Department of Business Economics and Public Policy Kelly School of Business, Indian University*, 1998.

35. Shrivastava, P. , "Environmental Technologies and Competitive Advantage", *Strategic Management Journal*, 1995, 16 (Summer Special Issue).

36. Sharma, S. , "Managerial Interpretations and Organizational Context as Predictors of Corporate Choice of Environmental Strategy", *Academy of management Journal*, 2000, 43 (4).

37. Sharma, S, Pablo, AL, and Vredenburg, H. , "Corporate Environmental Responsiveness Strategies: The Importance of Essue Interpretation and Organizational Context", *Journal of Applied Behavioral Science*, 1999, 35 (1).

38. Stefan Schaltegger, "Andreas Sturm. Ökologische Rationaliät", *Die Unternehmung*, 1990.

39. Satyendera Singh, "Effects of Environmental Management Standards on Business Performance in India", *IIMS Journal of Management Science*, Vol. 1, No. 1, 2010.

40. Teece, D. J. , G. Pisano, and A. Shuen, "Dynamic Capabilities and Strategic Management", *Strategic Management*, 1997 (18/7).

41. Wilson E. J. Kuszewski, "Shared Value, Shared Responsibility", *London International Institute for Environment and Development*, 2011.

42. Walley, N. and B. , "Whitehead: It's not Easy Being Green", *Harvard Business Review*, 1994 (5~6).

43. Wernerfelt B. A. , "Resource – Based View of Firm", *Strategic Man-*

agement Journal, 1984（5）.

44. Bollen, K. A. , *Structural Equations with Latent Variables*, New York: Wiley, 1989.

45. Bleischwitz, R. and P. Hennnicke eds. , *Eco – Efficiency Regulation and Sustainable Business: Towards a Governance Structure for Sustainable Development*, Edward Elrar, 2004.

46. Committee for Economic Development, *Social Responsibility of Business Corporations*, New York: Author 1971.

47. EUROSTAT, "Economy – wide Material Flow Accounts and Derived Indicators", *A methodological guide Statistical Office of the European Union*, Luxembourg, 2001.

48. Hair, J. F. Jr. , Anderson, R. E. , Tatham, R. L. , & Black, W. C. , *Multivariate data analysis with reading*, 3rd ed. , New York: Macmillan Publishing Company, 1992.

49. Labatt S. , White R. , *Environmental Finance: A Guide to Environmental Risk Assessment and Financial Products*, Canada: John Wiley & Sons Inc. , 2002.

50. Security Davis Keith, Robe L. Blomstrom, *Business and Society: Environment and Responsibility*, 3rd ed. , New York McGraw Hill, 1984.

51. ［日］山口民雄:《检証! 环境経営への軌跡》, 東京日刊工業新聞社 2001 年版。

52. ［日］日本環境省:《1999 年度環境白書》。

53. ［日］鈴木幸毅:《環境経営学の確立に向けて》、東京日本税務経理協会 2002 年版。

54. ［日］日本環境省:《2002 年度環境白書》。

55. ［日］金原達夫、金子慎治:《環境経営の分析》, 東京白桃書房 2005 年版。

56. ［日］寺本義也、原田保:《環境経営》, 東京同文館 2000 年版。

57. ［日］丰澄智己:《戦略的環境経——環境と企業競争力てき実

証検証》，中央経済社 2007 年版。

58. ［日］贯隆夫、奥林康司等：《環境問題と経営学》，東京中央
経済社 2003 年版。

59. ［日］科野宏典："環境新時代に求められる企業価値を高める
新"，知的資産創造，2005（8）。

60. ［日］河口真理子："環境経営再論"，経営戦略研究，2008
（15）。

61. ［日］天野明弘："環境経営の転換と経営イノベーション"，日
本貿易会月報，2007（650）。

62. ［日］野村総合研究所："環境主義経営と環境商務報
告"，1991。

63. ［日］廣崎淳、瀬戸口泰史："環境経営を再定義し将来展望も
つ戦略立案の好機"，地球環境，2005（4）。

64. ［日］廣崎淳："環境と経済を両立させる企業と社会のイノベ
ーション"研究報告，2009。

三、网络文献

1. 张伟："绿色金融将迎来 3.0 时代"，载中国金融网，http://
www. financeun. com/News/2015416/2013cfn/10859083100. shtml.

2. Helga Weisz, Christof Amann, et al.，"The physical economy of the
European Union: Cross – country comparison and deter – minants of mate-
rial consumption"，http://www. elsevier. com/locate/ecolecon，2006
（12）.

3. ［英］尼古拉·斯特恩："斯特恩报告（Stern Review）"，载中国
网，http://www. china. com. cn/tech/zhuanti/wyh/2008 – 02/26/
content_ 10795149. htm.

后 记

我们正处在一个大变革时代，资源环境问题正在促使人们重新思考利益、幸福、健康、生活等的含义；与之相关的环境经营的研究也在不断拓展和深化，其目的从最初的污染防治，转变为为经济、社会、人口和生态等全面协调发展做出贡献。这已使环境经营从单纯的环境领域进入到一个更广阔的空间，与全球发展、人类和平、社会进步等内容相结合，形成了符合人类可持续发展共同理想的价值观，并与可持续发展的全球发展战略接轨。

在实践中，环境经营既是传统产业转型升级的抓手，又为众多企业和个人提供了有市场前景的新入口。对于传统企业来说，需要用可持续发展理念、环境经营战略来重新修订企业的发展方向、战略目标及其实现途径，发现利润蓝海。对于创业者来说，个人和企业中已经显现出的巨大的节能环保需求所产生的对专业解决方案的渴求，已经演化出许多细分行业，如水污染治理、土壤修复、能源互联网、垃圾资源化等，这既包括与环境经营有关的设备和产品生产，也包括越来越细分的环境经营专业化服务，有着巨大的市场空间和利润前景。同时，我国与环境经营相关的绿色金融等市场保障体系也在进一步建立和完善。

目前，不同领域的技术进步与环境经营的相互融合正产生着绩效叠加效应，如"互联网＋绿"对环境经营的助力，环境理念的强化和环境技术进步等所带动的"绿＋"对传统产业升级改造提供的市场机会，零售业等市场终端企业的低碳环保行为正在倒逼供应链上游企业深入开展环境经营……凡此种种，为环境经营创新提供着无限可能，为我国环境产业走向支柱产业提供着强大的现实基础。

这些新动态，必然在环境经营领域延伸出许多新问题，需要我们关注、研究，需要更深入的理论支撑和理论创新。这些都是关于环境经营研究的新课题。

本书内容有理论探讨，有实践案例剖析，是笔者近年来的研究积累，试图回答关于环境经营的"为什么做"、"怎么做"和"做了效果如何"等问题。由于目前关于环境经营的研究主要集中于制造业，本书在第7章和第8章，特意集中研究了以零售企业为代表的商业企业的环境经营，旨在促进和丰富环境经营的研究和实践，为促进我国生态文明建设、为环境经营研究及其在全社会的深入发展，尽绵薄之力。

本书的完成，参考了国内外很多学者的研究成果，相关文献在注释或参考文献中已列出；对重复出现的文献，并未多次标注，特此说明。对因难免的疏忽而未能列出的文献，也特向相关作者致以歉意；在此，特别感谢各位学者的智慧分享，希望以后有交流合作的机会。

　　感谢董静雨、章亚如、丁飞、李美贤、赵梅等，在资料搜集、企业调研和数据统计等方面所做的工作；感谢为本书出版付出辛勤劳动的中国政法大学出版社彭江先生。

　　感谢您的阅读，欢迎批评指正！

葛建华

2015 年 8 月